妈妈的味道：

0~3岁 宝宝营养辅食

张钰仟　冯海波　主编

U0166533

江苏凤凰科学技术出版社

·南京·

图书在版编目（CIP）数据

妈妈的味道：0～3岁宝宝营养辅食 / 张钰仟，冯海波主编 . -- 南京：江苏凤凰科学技术出版社，2020.5
ISBN 978-7-5537-9226-2

Ⅰ . ①妈… Ⅱ . ①张… ②冯… Ⅲ . ①婴幼儿 - 食谱
Ⅳ . ① TS972.162

中国版本图书馆 CIP 数据核字 (2018) 第 099990 号

妈妈的味道：0~3 岁宝宝营养辅食

主　　　　编	张钰仟　冯海波
责 任 编 辑	倪　敏
责 任 校 对	杜秋宁
责 任 监 制	方　晨

出 版 发 行	江苏凤凰科学技术出版社
出版社地址	南京市湖南路 1 号 A 楼，邮编：210009
出版社网址	http://www.pspress.cn
印　　　　刷	广州市新齐彩印刷有限公司

开　　　　本	787 mm × 1092 mm 1/16
印　　　　张	15
字　　　　数	250 000
版　　　　次	2020 年 5 月第 1 版
印　　　　次	2020 年 5 月第 1 次印刷

标 准 书 号	ISBN 978-7-5537-9226-2
定　　　　价	58.00 元

图书如有印装质量问题，可随时向我社出版科调换。

妈妈的味道：
0~3岁宝宝营养辅食

编委会

主编：
张钰仟、冯海波

副主编：
李晶、郑志钰、陈珠珊、魏素珍、黄科、夏敏

编委（按姓氏排名）：
刘求云、陈桂花、周云、陈宝真、崔雪飞、何玫芹
吕晓娇、李丽萍、王楠、张倩倩、王明折、刘雄荔
廖凤平、曹静、王晓燕、文迎弟、刘丹凤、霍建华
黄惠玲、张秀娟、黄琳雅、胡盼、何明朗、吴丽丽
张琼、张玲、马润之、赖翠萍、刘巍巍

推荐序1

✿ 孙树侠

世界卫生组织健康教育促进研究中心顾问
联合国绿色工业组织专家委员会委员
中央国家机关健康大讲堂讲师团专家
卫生部健康教育指导首席专家

给宝宝一个健康的未来

民以食为天，对于处于发育期的婴幼儿来说，饮食更是重中之重。

在过去青黄不接的时代里，能吃一顿饱饭就是一件很开心的事。对于家长来说，把孩子养得白白胖胖就是营养好，孩子长得胖对家长来说是一件很荣耀的事情。

那个时代，物质没有今天丰富，有好吃的孩子们都争着抢着吃，孩子不爱吃饭的现象也没有今天这么普遍。那时，人们一般都是在家里自己做饭吃，饮食习惯和食材相对今天更加健康。时代发展到今天，我们饮食不缺，家长们却发现很多孩子不爱吃饭、挑食、胃口不好。妈妈和营养师们都想方设法让孩子吃好饭，并且要吃得更营养与健康。

现在儿童的饮食习惯与以往有很大不同，精米精面、高糖食物的过量摄入，过于丰富却相对缺乏营养的饮食，都在毁坏着孩子们的健康。许多父母并没有意识到这一点，更不知道是什么原因导致了这种情况，也不知道如何处理。

0～3岁是儿童自我意识的形成期，早期良好的饮食习惯决定着孩子一生的健康。本书为读者提供0～3岁儿童的营养辅食喂养指导，不仅在营养上给出更专业的建议，并且教你如何在实际生活中合理地喂养宝宝，如何使宝宝更加聪明、更有活力。在给宝宝添加辅食的过程中，父母会遇到的各种问题，我们都能从本书找到合理的饮食建议。

正确添加辅食，逐步建立宝宝健康的饮食习惯，培养宝宝正确的饮食观念，给宝宝一个健康的未来。

田先

儿童教育专家
"中国式精英教育"体系创始人
三合源精英教育研究院院长

是食物，更是爱的滋养

好朋友张钰仟老师要出宝宝营养辅食的书了，约我写个序，说实话，颇有点"受宠若惊"。虽说自己当妈这几年来，一直都很关注宝宝的营养问题，也一直亲力亲为给宝宝挑选各种食谱，搭配各种食材，亲手制作辅食，算是有点经验，但我自知从来都不是营养学界的人，我的主业是家庭教育和幼儿教育。盛情难却之下，大着胆子写上几句，只为这一份真挚的托付与信任。不周之处，还请海涵。

因农村条件所限，我小时候一直营养不良，常年贫血。后来上学和工作初期，为了省点生活费经常不吃早餐或晚餐，导致胃一直不好，养了很多年才基本康复。更严重的是，等我打算备孕时，医生告诉我，以我的宫寒和偏虚体质很难怀孕。

2012 年，我开始自己研究营养学和中医，用一些常见的食材及中药材搭配来调理身体，如红枣、枸杞、乌鸡、黄芪、当归之类，只要在家就每天煲营养汤喝，出差时就随身带着泡水喝。坚持半年下来，我惊奇地发现自己多年的四肢冰凉有所改善，手心变热了，脚心也有了微微的热感。一直坚持到 2013 年春夏之际，我开始备孕，结果很快就怀上了。这是食疗带给我最大的震撼和惊喜。现在想想，如果年少时我能多懂点营养学，也不至于做出"用健康去省钱"这样的愚蠢之举了。

　　我先生家族普遍身高偏高，爷爷 1.85 米，奶奶也 1.65 米，他们家的亲戚基本都是大个子，但他很遗憾只长到了 1.75 米。究其原因，主要是小时候营养不良，被医生诊断为缺钙严重，但因条件所限错失了发育的大好时机。

　　正因如此，女儿蓝蓝出生后，我就特别重视她的营养问题。6 个月前一直纯母乳喂养，6 个月后，面临辅食搭配的问题，我提前做了大量的功课，从辅食搭配的食材、制作、喂养等方面，林林总总查阅了大量资料，还自己写了几页纸的喂养清单，工作量不可谓不大。欣慰的是，蓝蓝成长得特别健康，身体壮实，免疫力不错，运动能力也很强，迄今为止只发热过两次，感冒咳嗽过一次，都靠物理降温和食疗治愈，几乎没吃过药。前段时间第一次带她出远门旅游一周多，也适应得很好，没出任何问题。

　　后来我身边好多亲友相继有了宝宝，她们碰到辅食问题不知如何下手，找我讨教经验，我都会迫不及待地把这些资料分享给她们。由此可见，如果不是专业学营养出身，我相信大多数妈妈都和我一样，都要为孩子每天吃什么、怎么吃大费脑筋。要是张老师这本书能早点出来，我就不用这么大费周章了。

　　说实话，我在看过张老师这本书的目录之后就很期待——因为内容特别全面，从辅食添加的基本知识，到辅食制作的器具、食材、食谱都娓娓道来，而且很细致地按年龄阶段加以区分，一目了然，方便查阅；末尾还很贴心地提供了宝宝常见疾病的营养护理食谱，甚至包括宝宝健康零食。总的来说，堪称一本 0~3 岁宝宝营养辅食的实用大全，一本在手，省时省力省心，宝宝营养从此不用愁。

　　相比本书的科学性、实用性、便利性，我更想为张老师点赞的是，这本书中的所有食谱都凝聚着她自己作为一位妈妈的满满的爱。这些食谱都是她为自己的女儿小倩亲手制作过并且亲自摆盘、拍照而来，每份食物都满溢着浓浓的母爱，每张照片都洋溢着暖暖的温情，这是一个作者最大的诚意。

　　我们往往知道的很多，但做到的很少。对于宝宝营养辅食这件事，从知道到做到之间，有太长的距离，需要我们用足够的爱与坚持去一点一点实现。

　　我一直觉得，食物是有感情有温度的。当妈妈带着满心的爱，亲手为孩子制作出食物，再看着孩子一点点吃下去，无论它是否美观，是否好吃，对宝宝而言，本身就是一份爱的滋养。它是一份爱的链接，一头是妈妈，一头是宝宝，而彼此由内生发的爱，就在那一口一口吃下去的食物中，缓缓流动，默默滋润着彼此的心田。这种无形的滋养，对宝宝安全感及亲子关系的建立，毫无疑问都是非常重要的。

最后，我想特别指出的一点是，表面看来，是我们在为孩子准备辅食，实际上，在为孩子付出的过程中，我们自己也得到了足够的滋养与成长。

比如我自己，原本属于对工作上心但在生活方面不那么上心的人，但自从有了蓝蓝之后，我也跟着养成了更好的生活和饮食习惯，比如尽量早睡早起，亲手为她做顿美味营养的早餐，早餐尽量吃点蔬菜和水果，每顿饭至少保证有3种不同的蔬菜，每天尽量有1种红肉、1种白肉搭配等。

宝宝的辅食制作其实是一个很耗时间的过程，食材要磨碎或切碎，而且每次都是多种食材每样搭配一点点，烹饪时还要特别小心，不糊锅、不浪费。这个过程对于新手父母而言，其实也是一个磨练心性的过程。

请相信，辅食对宝宝来说，是食物，更是爱的滋养。

自序
PREFACE

冯海波

一级公共营养师，育婴师
一级健康管理师
知行健营养学院院长
"妈妈的味道"公益活动发起人
中国保健协会减肥分会特聘专家

科学合理的喂养，对婴幼儿至关重要

0～3岁是人一生中生长最快的时期，也是婴幼儿从母乳喂养到逐渐添加辅食、开始适应各种食物、开始独立进食的关键时期。小宝宝们每时每刻都在经历着变化：脑部迅速发育，神经元的数量迅速增长，体重增长5倍，身高翻一番，体内脏器功能逐渐完善……宝宝每一处的细微成长都离不开营养的支持。

儿童早期特别是从胎儿期至出生后3岁（生命早期1000天），是决定其一生营养与健康状况的关键时期，这一时期的营养支持对宝宝生长的影响远超过遗传因素。3岁前若长期营养摄入不足，很容易造成体格发育迟缓、身高不达标、免疫力低下等问题。

婴幼儿期的营养不良还会影响智力潜能的发挥，降低学习能力和成年后的劳动能力，使得成年后患肥胖症的概率增加。

婴幼儿期也是形成味觉偏好、建立饮食习惯、学习自主进食的关键时期，口味清淡、合理膳食，以及良好的饮食习惯将影响宝宝一生的健康状况。

现代家庭中，年轻父母往往没有时间照顾孩子，而由家里老人代为喂养和照顾。孩子若出现一些看上去像上火的症状，家中长辈们就直接给孩子喂食去火的药物，导致孩子出现脾胃不好等诸多问题。

此外，"以胖为健康"，依然是诸多老一辈父母的传统观念。因为工作或身体原因，很多妈妈没办法母乳喂养，用奶粉替代母乳是常见的做法。喂养孩子的时候提前增加奶量也非常常见，半岁的婴儿体重达20多斤开始变得很普遍。很多家长还没有完全理解3岁之前给予孩子科学的喂养的重要性。胖不代表营养充足，只能说明能量供给过多。

中国疾病控制中心指出，我国超4成婴幼儿患过敏疾病——如湿疹、荨麻疹、哮喘、鼻炎等，除了环境污染等因素，妈妈孕期营养不均衡，婴幼儿辅食添加不合理，都是造成这一现象的主要原因！

很多家长急于给孩子吃各种食物来补充营养，3个月就吃海参、4个月就吃肉汤泡饭的案例有很多。大部分家长可能不清楚，在婴幼儿和儿童食物不耐受中最常见的食物就有牛奶、鸡蛋、小麦、玉米、坚果、大豆和贝类等。这些食物对大人而言都是再寻常不过的美食，但若不正确地喂给宝宝，就会对宝宝产生不良影响。

食物添加顺序的错误很有可能导致孩子出现食物不耐受，食物不耐受早期的表现往往不明显，一般只是呈现湿疹之类的症状，很多时候连医生都会忽略食物的原因。很多宝宝腹泻、皮疹不退、体质差、爱生病，都是因为没有科学合理地在婴幼儿时期添加辅食，进而导致食物不耐受造成的。

科学合理的喂养，对宝宝的健康成长至关重要。

我们爱孩子，更要正确地爱孩子，错误的爱极有可能会害了孩子一生。

信息爆炸的时代，关于婴幼儿辅食的各种指导意见满天飞，父母们无从判断其科学性。

市面上有很多有关辅食添加的书的信息也比较落后，很多书都会建议4个月就在宝宝的辅食中添加蛋黄，目的是为了补铁或者其他原因，但这一情况会加重婴幼儿食物不耐受的状况。

当肥胖症、三高、癌症等疾病的患者日益年轻化的情况下，关注婴幼儿营养与营养教育是刻不容缓的事情。希望通过这本书，我能够给予父母们最前沿的关于婴幼儿营养的科学建议，对普遍存在的婴幼儿辅食喂养问题提供一些帮助。

编委介绍

李晶
- 高级营养师
- 一级健康管理师
- 深圳卫视《食客准备》节目嘉宾

周云
- 高级健康管理师
- 高级公共营养师

郑志钰
- 高级育婴师
- 中医健康管理师
- 一级公共营养师

陈宝真
- 高级育婴师
- 高级食疗师
- 二级公共营养师

陈珠珊
- 高级营养保健师
- 高级小儿推拿师
- 高级中医健康管理师

崔雪飞
- 高级公共营养师
- 高级体控管理师

魏素珍
- 高级育婴师
- 高级营养师
- 一级健康管理师

何玫芹
- 高级小儿推拿师
- 高级公共营养师

黄科
- 国家一级公共营养师
- 中医康复理疗师
- 高级体重管理师

吕晓娇
- 二级公共营养师
- 知行健营养学院高级讲师

夏敏
- 高级健康管理师
- 保健调理师师资
- 精油康复理疗师

李丽苹
- 高级公共营养师
- 中医健康管理师
- 高级小儿推拿师

刘求云
- 康复理疗师
- 高级健康管理师
- 高级体重管理师

王楠
- 二级公共营养师

陈桂花
- 执业药师
- 高级体重控制教练

张倩倩
- 执业中药师
- 高级小儿推拿师
- 一级健康管理师

王明折

- 高级健康管理师
- 高级营养保健师

霍建华

- 高级小儿推拿师
- 二级健康管理师
- 高级体控教练

张玲

- 二级公共营养师

张琼

- 小儿推拿保健师
- 国家保健调理师资
- 自闭症营养医学干预顾问

刘雄荔

- 高级母婴保健师

黄惠玲

- 高级小儿推拿师
- 高级营养保健师
- 高级中医健康管理师

廖凤平

- 高级营养保健师
- 高级母婴保健师
- 高级中医健康管理师

张秀娟

- 高级健康管理师
- 《SCD 饮食与文化》编委

曹静

- 高级公共营养师
- 高级营养保健师

黄琳雅

- 高级小儿推拿师
- 高级中医健康管理师
- 高级茶艺师

王晓燕

- 高级营养保健师
- 高级健康管理师
- 高级小儿推拿师

胡盼

- 高级公共营养师
- 高级健康管理师
- 2015中国十佳营养师

文迎弟

- 高级健康管理师
- 高级小儿推拿师

何明朗

- 一级公共营养师
- 高级体重管理师

刘丹凤

- 高级公共营养师

吴丽丽

- 高级健康管理师
- 高级小儿推拿师

赖翠萍

- 高级小儿推拿师
- 高级母婴保健师
- 资深瑜伽理疗师

马润芝

- 高级小儿推拿师
- 国家高级健康管理师
- 高级体控管理师

刘巍巍

- 高级营养师
- 高级体控管理师
- 国家高级健康管理师

第一章

辅食，原来如此

母乳是宝宝降临到世间后的第一份营养口粮，

能基本满足宝宝身体正常发育的营养需求。

可随着宝宝生长发育到一定月龄之后，

宝宝也可以渐渐开始尝试辅食了。

因此，在坚持母乳和奶粉喂养的同时，

辅食也应开始慢慢加入到宝宝的饮食中。

可以说，辅食是从乳食过渡到饭食的"桥梁"，

这座"桥"如果搭得好，宝宝就能自然地断奶，

顺利步入正常饮食。

辅食能为宝宝整个幼儿时期的营养摄入奠定良好的基础，

那么什么是辅食？

让我们一起来了解一下吧！

一、味蕾的探险，让宝宝告别食物不耐受

宝宝的成长非常迅速，一天一个样儿。辅食是让飞速成长的宝宝能在将来更好地与大人同食的好帮手，是宝宝成为小大人必须迈出的一步。不过，爸爸妈妈也不用太紧张，吃饭是人的本能，只要跟着宝宝的节奏，陪着宝宝，就能为宝宝每一次的成长提供帮助。现在就让宝宝来展开一场味蕾新世界的冒险吧。

什么是辅食

辅食是对母乳或奶粉喂养的补充，是奠定宝宝健康的根基。从 4~6 个月龄开始，妈妈需要逐渐给宝宝补充一些非乳类食物，包括菜汁、果汁、米汤等液体食物，果泥、菜泥、米粉、烂粥等半固体食物以及软饭、烂面，切小块的水果、蔬菜及后期增加的肉、鱼、猪肝、蛋等固体食物，这类食物统称为辅助食物，简称为"辅食"。

辅食不可取代主食。宝宝的主要营养依然来源于主食，也就是母乳或奶粉。辅食的意义是为了让宝宝适应各种食物，为断奶做准备。宝宝 1 岁前只需要一点辅食就够了，1~2 岁时奶和食物各一半，2~3 岁时奶、饭的比例为 2：8。

辅食添加得太早或太迟都不利于宝宝的健康成长。宝宝 4 个月前，其消化吸收系统发育尚未完善，过早添加辅食会增加宝宝的肠胃负担，可能会使宝宝出现消化及吸收不良。过晚添加辅食，宝宝所需的营养素不能得到及时补充，可能会导致宝宝生长速度减缓、抵抗力下降、营养不良等。可见，及时添加辅食，是宝宝健康成长的关键。

❧ 添加辅食有哪些益处

● 为宝宝断奶做好准备。 婴儿的辅食又称断奶食品，是指从单一的乳汁喂养到完全断奶这一段时间内为宝宝所添加的"过渡"食品，而非仅仅指宝宝断奶时所需的食品。学吃辅食是宝宝减少对母亲依赖的第一步，也是精神断奶的开始。

● 训练咀嚼和吞咽能力。婴儿从出生到 5 个月，仅能吃流质食物；到 5 ~ 6 个月时，婴儿开始长牙，到 1 岁时共长 8 颗乳牙，已能咀嚼半固体和固体食物。这时逐渐增加辅助食品可训练婴儿咀嚼动作，促进牙齿生长，锻炼吞咽能力。

● 促进牙齿发育。辅食的添加对宝宝牙齿的生长有重要的促进作用。适时添加辅食可以为牙齿的萌出和生长提供足够营养，而牙齿的萌出又可以促进宝宝更好地咀嚼，以利于营养的吸收和利用。

● 促进肠道发育。宝宝吃进去的食物在经过口腔的咀嚼和胃的初步消化后，要在肠道内进行再次消化，肠道将食物分解成各种营养素，配送到宝宝身体各处，所以肠道是营养的中转站，肠道的健康发育对宝宝成长有着至关重要的作用。

● 促进语言发育。添加辅食对宝宝的智力发育，特别是语言发育非常有帮助。因为不同硬度、不同形状和大小的食物可以训练宝宝的舌头、牙齿以及口腔之间的配合，促进口腔功能，特别是舌头的发育，使表达语言的"硬件设备"趋于成熟。

❋ 食物不耐受与食物过敏

食物不耐受也可以称为慢性食物过敏，它是一种复杂的变态反应性疾病，是人体免疫系统对进入体内的某些食物产生的过度保护性免疫反应，它可引起全身各系统的慢性症状。

食物不耐受通俗地说，就是人的免疫系统把进入人体内的某种或多种食物当成有害的抗原，针对这些抗原产生过度的保护性免疫反应，从而引起全身各系统出现异常的慢性病症状，如腹泻、腹胀、疲劳、头痛、皮疹、消化不良、便秘等。

而食物过敏，实际是指某些人在吃了某种食物之后，引起身体某一组织、某一器官甚至全身的强烈反应，以致出现各种各样的功能障碍或组织损伤。在添加辅食时，很多家长会发现自己的宝宝一喝牛奶、豆浆就腹胀、腹泻，一吃海鲜就长湿疹，这些明显的症状比较容易发现，可以判断宝宝对这类食物过敏。

相对而言，慢性的食物不耐受比较隐蔽，孩子早期添加这种食物的时候，没有明显症状，但是随着时间的推移，孩子的身体逐渐表现出不适症状，最常见的是湿疹，或者身体其他慢性疾病，而有一些甚至可能导致孩子出现自闭症、多动症等精神方面的疾病。

—— 表1-1 食物不耐受与食物过敏对比表 ——

食物不耐受	食物过敏
◎一种复杂的变态反应性疾病	◎食物变态反应
◎人的免疫系统把进入人体内的某种或多种食物当成有害的抗原，产生过度的保护性免疫反应，引起全身各系统出现异常的慢性病症状	◎某些人在吃了某种食物之后，引起身体某一组织、某一器官甚至全身的强烈反应，以致出现各种各样的功能障碍或组织损伤
◎慢性食物过敏	◎与免疫球蛋白E相关
◎与免疫球蛋白G相关	◎发病来得快，症状明显，属于急性病，在日常生活中容易引起人们的关注，在临床通常以药物治疗为主
◎症状比较隐蔽，属于慢性病，不易引起注意，但其影响可遍及全身各系统	
◎出现症状：腹泻、腹胀、疲劳、头痛、皮疹、消化不良等	◎出现症状：腹胀、腹泻、湿疹

英国过敏协会统计显示，人群中有高达45%的人对某些食物产生不同程度的不耐受，婴儿与儿童的发生率比成人还要高。多数食物不耐受的患者表现为胃肠道症状和皮肤反应。

❧ 宝宝食物不耐受怎么办

对于家长来说，在初次添加辅食时，如何才能确定自己的宝宝是否对某些食物不耐受呢？目前国内医院所检测的常见的不耐受食物包括牛肉、牛奶、鸡肉、猪肉、鳕鱼、大米、玉米、虾、蟹、大豆、蛋清/蛋黄、番茄、蘑菇和小麦。

检测出宝宝不耐受的食物后，可以有针对性地调整饮食，采取禁食、轮替等安全的方式改变饮食习惯。不仅要避免食用不耐受食物，也要避免食用含有不耐受物成分的各类食物。比如，如果宝宝对牛奶不耐受，那么所有含奶食品像冰淇淋、奶油类食品等都不能吃。为避免宝宝出现营养不良，我们可以选择一些替代食物来补充相应的营养物质。比如，宝宝对牛奶不耐受，那么可以让宝宝每天喝豆浆来摄取充足的蛋白质。

表1-2 常见不耐受食物的替代方案

阶段	少食或忌食（请警惕隐藏成分）	替代方案（鼓励多吃）
乳制品	牛奶、羊奶及其各种制品，包括酸奶、益力多、冰淇淋、蛋糕等	有机红米或糙米熬成的米汤
蛋类	鸡蛋、鸭蛋、鹅蛋、鹌鹑蛋等各种蛋类	无
豆类	黄豆	除黄豆以外的其他豆类
肉类	猪肉、牛肉、羊肉、狗肉及其内脏	土鸡肉、小型海鱼（如沙丁鱼）
蔬果类	土豆、香蕉、橙子等	除左栏外的其他蔬果类
食用油	花生油、葵花籽油、大豆油及所有动物油脂（鱼类除外）	初榨冷压橄榄油或亚麻籽油

通过一段时间的饮食调整，79% 的患者的慢性病症状会完全消失，并可在医生的指导下将部分食物重新纳入饮食食谱，每次只能纳入一种食物，要密切观察有无原症状的复发或加重。需注意的是，不同食物的重新纳入时间至少要间隔1周。

二、辅食添加的最佳时机，宝宝亲自告诉你

看着宝宝一天天成长，爸爸妈妈们心里有说不出的幸福与满足。为了宝宝能更好地健康成长，爸爸妈妈也是竭尽全力，搜罗各式各样的辅食配方。但是，由于宝宝的消化器官尚未完全发育成熟，所以辅食的添加不能随意为之，添加的时机也是很有讲究的。

按照以前的观念，宝宝满4个月后就应该添加辅食了，因为4个月大的婴儿已经能分泌一定量的唾液淀粉酶，可以消化淀粉类食物。世界卫生组织根据新的婴儿喂养报告，提倡在前6个月纯母乳喂养，6个月以后在母乳喂养的基础上添加食物，母乳喂养最好坚持到1岁以上。以奶类为主，其他食物为辅，这也是把1岁内为宝宝添加的食物叫作辅食的原因。

但是具体到每个宝宝，该什么时候开始添加辅食，父母应视宝宝的健康及生长情况决定，辅食添加时间应按宝宝成长需要而非完全由月龄来决定。如果宝宝非常健康，可以在6个月之前添加，也可以在做了儿保检查之后，情况许可就添加。其实，宝宝从生理到心理都做好了吃辅食的准备时，他会向妈妈发出许多小信号的。

❧ 辅食添加的信号

● 宝宝身高、体重是否足够

在爸爸妈妈带宝宝去做每个月的例行体检时，医生会告诉你宝宝的身高、体重增长是否达标。如果宝宝身高、体重增长没达标，可以向医生咨询是否该给宝宝添加辅食了。如果体重达到出生时的2倍，或至少达到6千克，也可以考虑给宝宝做辅食添加的准备了。

● 宝宝是否具有想吃东西的行为

例如，别人在他旁边吃饭时，宝宝会感兴趣，可能还会来抓勺子、抢筷子。如果宝宝经常将手或玩具往嘴里塞，说明宝宝对吃饭开始感兴趣，可以尝试给宝宝喂辅食了。

● 宝宝的发育是否成熟

当宝宝能控制头部和上半身的时候，宝宝可以通过转头、前倾、后仰等动作来表示想吃或不想吃，这样就不会发生强迫喂食的情况。

● 宝宝是否有吃不饱的表现

宝宝原来能一觉睡到天亮，现在却经常半夜哭闹，或者睡眠时间越来越短。每天母乳喂养次数增加到8～10次或喂配方奶增加到1000毫升，但宝宝仍处于饥饿状态，过不了多久就哭着要吃奶。

● 宝宝伸舌反射是否消失

很多父母一开始给宝宝喂辅食时，发现宝宝会把刚吃进嘴里的东西吐出来，以此就认为宝宝不爱吃，从而放弃添加该食物。其实宝宝这种伸舌头的表现是一种本能的自我保护，称为"伸舌反射"，说明还不到喂辅食的时候，一般到4个月前后这种反射才会消失。

● 宝宝是否学会了吞咽

如果用小勺将食物放进宝宝嘴里时，他会尝试着舔进嘴里并咽下，显得很高兴、很想吃的样子，说明他对吃东西有兴趣，这时你可以放心给宝宝喂食了。如果宝宝将食物吐出，扭头或者不张嘴或推开手，说明宝宝不想吃，就不要勉强他了，隔几天再试试。

三、宝宝辅食添加，必须注意的那些事

一般来说，宝宝 6 个月之后，妈妈就可以给宝宝逐渐添加辅食了。但由于新手妈妈缺乏经验，害怕辅食做得不好吃或不够营养，进而影响宝宝健康，这时该怎么办呢？这里就给新手妈妈们支几招啦！

❧ 选材要新鲜和卫生

给宝宝选购新鲜和卫生的食材很重要。给宝宝吃的水果、蔬菜一定要选新鲜的，蛋、鱼、肉等食物尽量到超市去买，质量一般更有保障；水果宜选择橘子、苹果、香蕉、木瓜等皮壳容易处理、农药污染及病原感染机会较少的；蔬菜类像胡萝卜、菠菜、空心菜、豌豆、小白菜等都不错，烹调蔬菜之前最好用清水或淡盐水泡半个小时后再洗干净。另外，餐具、厨具最好用开水消毒。烹调的食物一定要彻底煮熟，避免宝宝被感染，密切注意宝宝是否有过敏反应。

❧ 注意宝宝的饮食禁忌

初期给宝宝做辅食不宜太浓，如蔬菜汁、新鲜果汁最好加水稀释。采用自然成熟的食物，不加调料，如香料、味精、糖、盐，少用油，以减轻宝宝肾脏的负担。现吃现做，温度不能太高。制作时使用微波炉会破坏食物中的营养素，因此不建议使用。

❧ 品种由一种到多种

在给宝宝添加辅食的时候，妈妈千万不可一次给宝宝添加好几种辅食，那样极易让宝宝产生不良反应。建议妈妈在给宝宝添加辅食的时候，一定要让宝宝对不同种类、不同味道的食物有一个循序渐进的接受过程。妈妈在 1~2 天内给宝宝所添加的食物种类不要超过 2 种，在给宝宝添加辅食后，观察宝宝在 3~5 天内是否出现不良反应，排便是否正常，若一切正常，则可试着让宝宝尝试接受新的辅食。

在给宝宝添加不同种类辅食的时候，妈妈应按"淀粉（谷物）→蔬菜→水果→肉类"的顺序来添加。

❧ 食量由少到多

初试某种新食物时，最好由一小勺尖那么少的量开始，观察宝宝是否出现不舒服的反应，然后才能慢慢加量。比如初次尝试蛋黄时，先从 1/4 个甚至更少量的蛋黄开始，如果宝宝能耐受，保持这个分量几天后再增加到 1/3 的量，然后逐步加量到 1/2、3/4，直至整个蛋黄。

❧ 浓度由稀到稠，质地由细到粗

最初可用母乳、配方奶、米汤或水将米粉调成很稀的稀糊来喂宝宝，确认宝宝能够顺利吞咽后，再由含水分多的流质或半流质食物渐渐过渡到泥糊状食物。

千万不要在辅食添加的初期阶段尝试米粥或肉末，无论是宝宝的喉咙还是肠胃，都不能承受这些颗粒粗大的食物，还可能会因吞咽困难而使宝宝对辅食产生恐惧心理。

正确的辅食添加顺序应当是汤汁→稀泥→稠泥→糜状→碎末→稍大的软颗粒→稍硬的颗粒状→块状等。

❧ 少盐少糖

4 个月以内的宝宝，由于肾脏功能尚不完善，不宜吃盐。宝宝摄取的钠主要来源于母乳或配方乳和市售婴儿食品。一般来说，前两者就能满足宝宝对钠的需要，家庭自制食品用盐如果控制不好的话，会使宝宝摄入的钠明显增多，加重其肾脏负担。因此，在菜泥、果泥等自制辅食中，不应加盐。在宝宝 9 个月龄开始吃菜粥或烂面条时，再考虑加少许盐，以能尝到一点咸味为度。此外在食材的添加顺序上，应先添加蔬菜、后添加水果，因为宝宝喜欢甜的味道，先尝到水果甜味的宝宝，后面就有可能会拒绝蔬菜。

❧ 遇到不适立即停止

妈妈们在给宝宝添加辅食的时候，如果宝宝出现腹泻、过敏或大便里有较多的黏液等状况，需立即停止对宝宝的辅食喂养，待宝宝身体恢复正常之后再给宝宝添加辅食。需要注意的是，令宝宝过敏的食物不可再添加。

总之，在给宝宝添加辅食的时候，不要完全照搬他人的经验或者照搬书本的方法，要根据具体情况，灵活掌握，及时调整辅食的数量和品种，这是添加辅食中父母最需要注意的一点。例如，在宝宝患病的时候不要添加从来没有吃过的辅食；在添加辅食过程中，如果宝宝出现了腹泻、呕吐、厌食等情况，应该暂时停止添加，等到宝宝消化功能恢复，再重新开始添加，但数量和种类都要比原来减少，然后再逐渐增加。

❧ 非母乳喂养的宝宝要早添加辅食

进入 4 个月后，宝宝对营养的需求更大了。由于母乳营养丰富，对于纯母乳喂养的宝宝而言，母乳能满足宝宝前 6 个月的营养需求。因此，纯母乳喂养的宝宝可在 6 个月后再添加辅食。而对于非母乳喂养的宝宝来说，在 4 个月时，便可开始适当添加辅食，以满足宝宝的营养需求。

四、这样喂养，宝宝更健康

6个月左右的宝宝对母乳以外的食物有了一定的消化能力，味觉也进入敏感期，妈妈们应适当添加辅食了。但给宝宝添加辅食并不是一件简单的事情，很多新手妈妈缺乏经验，容易走入辅食添加的误区。只有掌握科学的喂养知识，才能避免这些误区，带给宝宝充足的营养和健康保障。

❧ 辅食添加切勿攀比

在添加辅食的过程中，很多家长表现出焦虑情绪，最常见的原因是由于心中没有一个标准，却经常去跟别的宝宝比，总希望自己的宝宝吃得比其他宝宝多，越比较心里越着急，最终乱了手脚。这种攀比不仅损害宝宝的健康，还容易导致宝宝厌食或拒食。

❧ 初添辅食防过敏

婴儿期是食物过敏的高发阶段，因此，家长在给宝宝添加辅食时一定要慎重。既要避免过早添加辅食，又要注意辅食的品种。宝宝常见的致敏食物有牛奶、鸡蛋、花生、大豆、鱼虾类、贝类、柑橘类水果等，多数食物过敏原为糖蛋白。喂给宝宝的第一种辅食应是易于消化而又不易引起过敏的食物，如米粉可作为试食的首选食物，其次是蔬菜和水果。

在给宝宝试食一种新食物时，宝宝常有拒食等表现。通常来说这是婴儿的防御本能，可停喂2~3天后再试喂。如果确实产生过敏反应了，一般6个月内要避免再接触。

❧ 拒绝甜食

不宜给宝宝吃甜食。如果大量进食含糖量高的食物，宝宝得到的能量补充过多，就不会产生饥饿感，也不会再想吃其他食物。久而久之，吃甜食多的宝宝从外表上看，长得胖乎乎的，体重甚至还超过了正常标准，但是肌肉很虚软。宝宝甜食吃多了还容易患龋齿，不仅影响乳牙生长，还会影响将来恒牙的发育。

❖ 辅食不宜完全替代母乳

宝宝6个月大的时候，大多数妈妈都开始给宝宝添加辅食了。有些妈妈认为，宝宝既然已经可以吃辅食，就可以减少宝宝对母乳或其他乳类的摄入了，这种观点是错误的，母乳依然是6个月大宝宝的最佳食品。实际上，母乳中含有的营养和所供给的能量比任何辅食都多且质优。而辅食只能作为一种补充食品，妈妈不要急于用辅食将母乳替换下来，否则会不利于宝宝的健康成长。

另外，6个月以前的宝宝可能不爱吃辅食，但到了6个月左右，大多数母乳喂养的宝宝就开始爱吃辅食了。但无论宝宝是否喜欢吃辅食，妈妈都不能因为辅食的添加而减少母乳的喂养。

❖ 不可添加各种各样的调味料

很多新手妈妈会问："能否在宝宝辅食中添加各种调味料呢？"对于这个问题，我可以肯定地回答："不能！"

调味品，如味精、香精、酱油、醋、花椒、大料、桂皮、葱、姜、大蒜等，不宜出现在宝宝的辅食中。因为这些调味品对宝宝的胃肠道会产生较强的刺激性，有些调味品如味精在高温状态下还会分解释放出毒素，会损害正处于生长发育阶段的宝宝的健康。另外，调味品浓厚的味道会妨碍孩子体验食物本身的味道，长期食用还可能养成挑食的不良习惯。

❖ 辅食不可一味过细

给宝宝添加辅食若过分精细，不仅宝宝的咀嚼力无法得到足够的锻炼，甚至会影响其日后牙齿和颌面的正常发育，包括语言功能的发育。如果8个月的宝宝还总是吃米糊，妈妈们可要注意了。宝宝1岁以后，随着牙齿越长越多和咀嚼力的不断增强，除了不能吃花生、瓜子等比较硬的食物，大人们平时吃的东西都可以让宝宝逐渐尝试着吃，这样可以让宝宝的咀嚼、吞咽等动作更协调，同时还能锻炼舌头及整个颌面部的肌肉，为日后的语言发育打下良好基础。

五、辅食制作的常用器具

宝宝终于到该添加辅食的阶段了，妈妈早就准备在厨房大显身手，制作营养美味的辅食给宝宝吃。制作辅食，当然少不了厨房秘笈——辅食制作器具。一起来看看有哪些宝宝辅食专用的制作器具吧。

菜刀和砧板

砧板是每日多次使用的器具，无论是木制砧板，还是塑料砧板，都要常洗、常消毒。最简单的消毒方法是用开水烫，有条件时，也可以选择日光晒。最好给宝宝用专用砧板制作辅食，这对减少交叉感染十分有效。

小汤锅

烫熟食物或煮汤用，也可用普通汤锅，但小汤锅省时省能，是妈妈制作辅食的好帮手。

磨泥器

可将食物磨成泥，是辅食添加时期做菜泥、水果泥的必备工具，在使用前需将磨碎棒和器皿用开水浸泡一下。

搅拌器

搅拌器是制作泥糊状辅食的常用工具。一般棍状物体甚至勺子等都可以，还想省事一点的话，可以使用搅拌机，但要注意清洁。

榨汁机

给宝宝添加菜汁、果汁时，榨汁机是必不可少的，最好选购有特细消毒纱布、可分离部件清洗的。因为榨汁机是前期制作辅食的常用工具，如果清洗不干净特别容易滋生细菌，所以在清洁方面要多加用心。

◆ 榨汁机

❧ 料理机

可轻松制作宝宝辅食中的各种流质食物，破壁料理机能将蔬果中大量的大分子果糖成分重新破壁组合成全新的活性酶等营养成分，有利于消化且能提高营养的吸收率。

❧ 削皮器

家家必备的小巧工具，削皮方便，便宜又好用，建议妈妈给宝宝专门准备一个，与平时家用的区分开，以保证卫生。

◆ 料理机

❧ 刨丝器、擦板

刨丝器是做丝、泥类食物必备的用具。擦板一般用不锈钢的，每次使用后都要清洗干净并晾干，食物细碎的残渣很容易藏在细缝里，滋生细菌霉菌，要特别注意。

❧ 蒸锅

蒸熟或蒸软食物用，蒸出来的食物口味鲜嫩、熟烂，容易消化、含油脂少，能最大限度地保存食物的营养素。需注意的一点是，消毒用的蒸煮锅应该大一些，便于放下所有工具，包括奶瓶、饭碗、咬胶等，可一次性完成消毒过程。要特别注意的是，大部分的塑料制品都不能用高温消毒的方式来消毒。

❧ 纱布

在制作果汁或菜汁时，纱布可以用来滤渣。

❧ 金属汤匙

◆ 纱布

可以用来刮下质地较软的水果果肉，如哈密瓜、蜜瓜等，在制作肝泥的时候也会用到。

六、宝宝的专用餐具

宝宝的专用餐具很重要，由于市场上儿童餐具的种类和品牌很多，光凭肉眼很难判断产品是否安全卫生，建议爸爸妈妈们选择经过国家卫生部门检测的知名品牌，安全性更高。

在选购的因素中，餐具的用材是父母需要非常重视的。大家最担心的就是餐具的材质是否含有有害元素，如铅等，但普通的消费者很难辨别产品是否安全、卫生。不过很多父母都知道不要选择色彩鲜艳的餐具，最好选择无色透明，或者浅颜色的餐具。目前市场上的儿童餐具大多用塑料制成。玻璃碗或传统的陶瓷碗大且重，不方便让孩子使用，也容易被打碎。

下面介绍几款常见的、便于使用的宝宝辅食餐具。

◆ 塑胶碗

◆ 防洒碗

塑胶碗：给宝宝准备1~3个塑胶碗，塑胶碗不像陶瓷碗那么易碎，比较适合给宝宝装辅食。

防洒碗：也叫吸盘碗，一些塑胶碗带有吸力圈，可以将碗牢牢地固定在桌子上或托盘上。

塑胶杯：塑胶材质的杯子较轻，便于携带，也便于稍大的宝宝自行使用，爸爸妈妈在选择杯子的时候，可以选择此类杯子。

◆ 塑胶杯

◆ 毛巾布围兜

◆ 有袖围兜

围兜：爸爸妈妈还要给宝宝准备几个有塑胶衬里的毛巾布围兜，围兜衬里及两边的系带可以使宝宝的衣服不被食物弄脏，最适合几个月大的宝宝使用。当宝宝长大一点后，妈妈可以给宝宝使用能够遮住前胸和双臂的有袖围兜。此外，还有一种塑胶围兜可以用来兜住面包屑或是其他食物。

◆ 宝宝专用的汤匙

◆ 带固定装置的椅子

汤匙：宝宝专用的汤匙一定要好拿、不滑溜、不易摔碎，汤匙的前端圆钝不尖锐，最好是软头的，可以避免戳到宝宝。而且大小适中，刚好适合宝宝一匙一口。

带固定装置的椅子：当宝宝可以坐稳之后，妈妈可以给宝宝准备一把带固定装置的椅子，喂宝宝辅食的时候，让宝宝坐到这种椅子上十分方便。

【餐具的选购及使用】
①餐具选择要符合儿童的特点，小巧精致，尽量从实用性和方便性来考虑。
②选择不易脆化、不易老化，经得起磕碰，在磨擦过程中不易起毛边的餐具。
③挑选内侧没有彩绘图案的器皿，不要选择涂漆的筷子等。
④防止宝宝把餐具放入口中反复啃咬。
⑤尽量不要用塑料餐具盛装热腾腾的食物，也尽量不要将塑料餐具放入微波炉中。
⑥及时彻底地清洁餐具，宝宝专用餐具尽量与大人的分开放置。

七、掌握基本的烹调技巧

宝宝的消化系统尚未发育完全，辅食都要煮熟、煮烂、磨碎，这样才不会给宝宝的身体增加负担，尤其是对于小月龄的宝宝来说，更要注意。妈妈可以学习以下基本的烹调技法。

榨汁

宝宝刚开始接触辅食时，主要是为了让宝宝熟悉母乳或配方乳之外的味道，可以给宝宝喂点稀释过的果汁。将新鲜水果榨汁后再挤入开水稀释成 2 倍的果汁，宝宝就可以食用了。可以用榨汁器直接榨取果汁，也可以用榨汁机将水果打碎后滤取果汁。

◆ 榨汁

研磨

宝宝 7 ~ 8 个月大时，开始用舌头和上颚搅碎食物。为了锻炼宝宝用舌搅碎食物的能力，可以将食物煮熟后用研磨器捣（或磨）成泥。研磨的工具除了研磨钵外，还可以用磨泥板、压泥器、汤匙、叉子等。

过滤

宝宝前期的辅食最好用滤网过滤掉颗粒较大的固体食物，比如南瓜、胡萝卜、芋头、蛋黄等食材，口感会变得顺滑很多，不会给宝宝的消化系统增加负担。过滤时容易有残渣卡在滤网上，建议使用完后立即清洁。

◆ 研磨

◆ 过滤

蒸

蒸，是给宝宝制作辅食时较为常用的一种烹饪方式。蒸不仅能较大程度保留食物的营养和原汁原味，而且还能让食物变得柔软、好入口。可以在平时煮饭时，将食材准备好，一同放入锅内蒸。

◆ 蒸

煮

宝宝常吃的蔬菜和部分肉类，可以用煮锅来焯烫，使食材变得柔软，容易处理成适宜宝宝进食的食物。特别是在给宝宝制作汤品时，都会用到炖煮的方式。炖煮还能够去除部分蔬菜中的涩味和一些肉类中多余的脂肪。

◆ 煮

煎

对于大一些的宝宝来说，他们的味觉越来越敏锐，不再爱吃软烂的粥，反而喜欢带点口感的辅食，这时不如给宝宝煎一些薄饼、红薯饼、土豆饼，能让宝宝胃口大开。平底锅或炒锅中只需放少许油就可以了。

◆ 煎

第二章

辅食，应该这样吃

及时合理地添加辅食尤为重要。

每个时间段的宝宝的身体发育程度不同，

对营养的需求也不一样。

要遵循各个年龄阶段宝宝的特点，

循序渐进地添加辅食，

刚开始时不能操之过急，

要给宝宝充足的适应时间。

保证宝宝及时、健康地摄取均衡、充足的营养。

一、4~6个月：断奶初期的适应型辅食

在宝宝出生后的第4个月，家长可以开始为宝宝断奶而做准备了。此时，可尝试添加少量辅食，以流质和泥糊状食物为主。不过，这个阶段的宝宝的饮食仍以母乳或配方奶为主，初期阶段让宝宝适应食物更加重要。

❧ 预防食物不耐受，让宝宝开始适应食物

有不少家长认为，为宝宝添加辅食是为了给宝宝补充营养，其实喂辅食的真正目的是为了让宝宝更好地适应食物，预防食物不耐受情况的出现。

4个月大时，宝宝能将吸和吞的动作分开，开始有意识地张开嘴巴接受食物了。当开始尝试给宝宝喂辅食时，由于一直习惯于吸乳汁，宝宝会将食物放在舌头上，并用舌头将食物移动到口腔后部，进行上下方向的咀嚼运动，还会将半固体食物吞咽下去。

5个月大时，宝宝开始有意识地咬食物。宝宝对食物的微小变化已很敏感，能区别酸、甜、苦等不同的味道。这一时期是味觉发育的关键期，所以家长要好好引导，以免宝宝养成不好的饮食习惯。宝宝消化系统已比较成熟，能够开始消化一些淀粉类、泥糊状食物了。

6个月大时，有些宝宝已经开始长乳牙了，可以慢慢接触固体食物了。

4~6个月可添加的食物

这个时期，家长可以根据宝宝进食的能力，添加一些米粉、米糊等淀粉类辅食，也可适当添加泥糊状食物，如婴儿米粉、蔬菜泥、水果泥等。

表2-1 4~6个月断奶初期可添加食物表

食物清单	断奶准备期（4个月）	断奶初期（5~6个月）
米汤、米粉糊	○	○
蔬菜泥、蔬菜汁	○	○
蛋黄	×	×
鸡蛋（包括蛋白）	×	×
河鱼、河虾	×	×
海鱼、海虾	×	×
禽肉（鸡、鸭肉等）	×	×
畜肉（猪、牛肉等）	×	×
其他海鲜（如贝类、鱿鱼等）	×	×

注：上表中"○"表示可以选用，"×"表示不能选用。

辅食添加法

● 注意第一次添加辅食的时间。第一次添加辅食的时间建议选择在上午11点左右，在宝宝饿了正准备吃奶之前给他调一些米粉，让他吃两勺，相应地把奶量减少。逐渐地，这顿辅食越加越多，奶量越来越少，一般到7个月以后，这顿饭就可以完全被辅食替代了。

● 添加辅食要循序渐进。第一次添加1~2勺（每勺3~5毫升），每日添加1次即可，若宝宝消化吸收得好，再逐渐加到2~3勺。观察3~7天，没有不良反应，如呕吐、腹泻、皮疹等，再添加第二种。按这样的速度，宝宝1个月可添加4种辅食，这对于宝宝品尝味道来说已经足够了。妈妈千万不要太着急，这个阶段的宝宝还是要以吃奶为主。如果宝宝有过敏反应或消化吸收不好，应立即停止添加的食物，等1周以后再试着添加。食欲好的宝宝或6个月的宝宝可1日添加2次辅食，分别安排在上午11点和下午起床后。

● 第一次给宝宝喂辅食时，喂食量不宜太多。因为宝宝的消化系统还没有完全发育好，一般能吃2~3勺就不错了，要坚持用小勺多次喂，训练宝宝的吞咽能力，食物的种类以米汤、米粉等易消化的流食为宜。由于宝宝在味觉上偏爱甜食，因此，一开始时不宜给宝宝添加水果，应让他先接受蔬菜的味道，然后添加水果，让宝宝全面吸收和补充营养。

● 尽量让宝宝吃接近天然的食物。开始吃辅食对宝宝来说是养成良好饮食习惯的重要基础，从添加辅食开始让宝宝养成对营养食物的喜好，尽量给宝宝吃接近天然的食物，最初就建立健康的饮食习惯，会让宝宝受益一生。

跟断奶有关的那些事

新生宝宝主要的营养来源是母乳或配方奶，经过一段时间后，宝宝必须从母乳或配方奶之外的食物中摄取营养，断奶期就是宝宝学习进食日常食物的过渡期。宝宝的断奶期并没有绝对固定的时间，专家认为宝宝出生4个月左右是开始断奶的最佳时间。

这个时候宝宝的体重已经有6~7千克，不但能模仿咀嚼动作，而且不会再将食物吐出，但有些宝宝则要到5个月左右才会有上述表现，所以最好根据宝宝的具体发育情况来决定断奶的开始时间。

不过，妈妈要特别注意的是，断奶期早启动不代表就可以提升宝宝咀嚼或进食的本领，妈妈不要过于心急，应该视宝宝的状况来决定进入断奶期的确切时间。

● 米粥是断奶的第一步。对于刚刚断奶的宝宝而言，米粥是比较理想的食物。在喂食宝宝米粥的过程中，水分要逐渐减少，慢慢从十倍粥过渡到七倍粥、五倍粥。喂食1~2周后，若宝宝没有过敏症状，就可以在米粥中添加蔬菜，如扁豆、豌豆、胡萝卜以及菠菜等。

● 断奶食品无需调味。断奶初期是开启宝宝味觉新世界的关键时刻，断奶食物要保持食物原有的味道，不要额外添加调味料，如果宝宝不喜欢断奶食物，一直拒绝食用，这时候可以添加配方奶或果汁来增强宝宝的食欲。

● 让宝宝慢慢适应用小汤匙喂食。宝宝刚进入断奶期时，要让宝宝从以往只吸吮母乳或配方奶，慢慢过渡到小汤匙喂食，不可操之过急。断奶初期应该以训练宝宝吞咽食物的能力为主要目标，不用严格要求宝宝应吃下多少断奶食物。

❧ 宝宝，来吃辅食吧！

　　嘟嘟是个可爱的小男孩，已经6个月大了，每次爸爸妈妈吃饭时，他总是目不转睛地看着，还一个劲地流口水，妈妈猜出了嘟嘟的小心思。于是前几天，嘟嘟的妈妈喂了少量米汤给他吃，没想到他全部吃光了。从此以后，嘟嘟的妈妈每天都为他精心准备各式各样合适的辅食，嘟嘟长得越来越快了。

小米汤

材料

小米60克

做法

①将小米淘洗干净。

②加入600毫升清水煮成稀粥，按需取津汤喂宝宝食用。

【**营养解析**】小米富含维生素B_1、维生素B_{12}等，能防止宝宝出现消化不良、反胃、呕吐等情况。小米还含有丰富的蛋白质、脂肪、钙、铁等营养成分，素有"健脑主食"之称。

解答妈妈最关心的问题：

【**食材安全选购**】优质小米米粒大小、颜色均匀，呈乳白色、黄色或金黄色，有光泽，很少有碎米，无虫，无杂质，闻起来具有清香味，无其他异味。

【**更多配餐方案**】宝宝添加辅食需要从单一的谷物类食物开始，在宝宝完全适应这种食物，并无不良反应后，才可开始添加其他辅食。此外，可以在小米中加少量研磨碎的大米，口感更丰富。

温馨提示： 小米粥的颗粒容易造成宝宝呛咳，最好只吃小米粥过滤后的津汤；小米汤熬到没有米，完全成汤最好。

大米汤

材料

大米200克

做法

①大米用清水洗净，放到锅里，加2000毫升水。

②先用大火将水烧开，再改成小火煮20分钟左右。

③取上层的米汤喂给宝宝。

【营养解析】大米汤类辅食主要是给宝宝补充适量的碳水化合物、矿物质以及少量的维生素、食物粗纤维。另外，大米汤具有补脾、健胃等功效。

温馨提示：喂宝宝喝大米汤时，要注意米汤的温度，不能过烫，以免烫伤宝宝。

解答妈妈最关心的问题：

【食材安全选购】优质的大米饱满、洁净、有光泽、纵沟较浅，掰开米粒，其断面呈半透明白色，闻之有清新气味，蒸熟后米粒油亮、有嚼劲、气味喷香。

【更多配餐方案】宝宝添加辅食需要从单一的谷物类食物开始，在宝宝完全适应了大米后，可在大米汤中加一点胡萝卜汁。

白萝卜汁

材料

新鲜白萝卜1/4个

做法

①将白萝卜洗干净、去掉皮、切成片。

②放入适量开水中煮10~15分钟，凉温后取汤汁随时饮用，现饮现煮。

【营养解析】白萝卜含有丰富的维生素C和微量元素锌，有助于增强机体的免疫功能，提高抗病能力；白萝卜中的芥子油能促进胃肠蠕动，增强食欲，帮助宝宝消化。

解答妈妈最关心的问题：

【食材安全选购】应选择个体大小均匀、根形圆整、表皮光滑、皮色正常的白萝卜；白萝卜不能过大，以中型偏小为宜。这种白萝卜肉质比较紧密、充实，煮出来成粉质，软糯，口感好。

【更多配餐方案】宝宝添加辅食需要从单一食物开始，在宝宝完全适应白萝卜后，可以将白萝卜汁兑入米糊中。

温馨提示： 由于宝宝的肾脏功能发育还不健全，此时最好不要添加盐，以免增加其肾脏负担。

雪梨汁

材料

雪梨1个

做法

①将雪梨洗干净，去掉皮、去掉核，切成细丝。
②锅内放适量清水烧开，将雪梨丝放入煮至软烂，用消毒纱布过滤取汁即可。

【营养解析】雪梨富含碳水化合物、纤维素、钙、钾等物质，有助于补充人体微量元素；还含有苹果酸、柠檬酸、维生素B$_1$、胡萝卜素等，能增强人体抵抗力。

解答妈妈最关心的问题：

【食材安全选购】挑选雪梨时，要挑选花脐处凹坑深的。优质雪梨果实新鲜饱满，果形端正，成熟适度(八成熟)，肉质细，质地脆而鲜嫩，汁多，味甜或酸甜(因品种而异)，无霉烂、冻伤、病虫害。

【更多配餐方案】给宝宝添加辅食需要从单一食物开始，在宝宝完全适应雪梨后，可将雪梨汁兑入米糊中。

温馨提示：雪梨只要摆在阴凉角落即可，不宜长时间冷藏，如果一定要放入冰箱，要装在纸袋中放入，可储存2~3天。放入冰箱之前不要清洗，否则容易腐烂。

番茄汁

材料

番茄1个

做法

①将锅置于火上，加适量水，放入番茄煮2~3分钟后捞出。

②将番茄剥皮，用消毒纱布把汁挤出。

③将挤出的汁加等量温开水冲调即可食用。

【营养解析】番茄含有丰富的维生素C、维生素P、钙、铁、铜、碘等营养物质，还含有柠檬酸和苹果酸，可以促进宝宝的胃液对油腻食物的消化。

解答妈妈最关心的问题：

【食材安全选购】番茄要圆、大、有蒂，硬度适宜，富有弹性。不要购买带长尖或畸形的，这样的番茄大多是由于过量使用植物生长调节剂造成的，还需注意不要购买着色不匀、花脸的番茄，这很可能是由于番茄遭遇病害造成的，味道和营养均很差。

【更多配餐方案】宝宝添加辅食需要从单一食物开始，在宝宝完全适应番茄后，可将番茄汁兑入米糊或米汤中。

温馨提示：番茄富含铁、维生素C，可以预防宝宝缺铁性贫血。

莲藕汁

材料

莲藕1节

做法

①莲藕洗净后去皮。

②将莲藕切成小块，放入榨汁机榨汁后，用消毒纱布过滤取汁即可。

【**营养解析**】莲藕富含淀粉、蛋白质、B族维生素、维生素C、碳水化合物及钙、磷、铁等多种矿物质，肉质肥嫩，白净滚圆，口感甜脆，能促进宝宝的食欲，防治宝宝便秘。

温馨提示：给宝宝喂莲藕汁每次不要过多，1~2匙为宜。

解答妈妈最关心的问题：

【**食材安全选购**】选购莲藕时，应以藕身肥大、肉质脆嫩、水分多而甜、带有清香味为标准。同时，藕身应不干缩、不断节、不变色、不烂、无锈斑，藕身外附有一层薄泥保护。

【**更多配餐方案**】宝宝添加辅食需要从单一食物开始，在宝宝完全适应莲藕后，可将莲藕汁兑入宝宝喝的米汤中。

苹果汁

材料

苹果1个

做法

①将苹果洗干净后切成两半，去掉皮、核。

②将苹果切成小块，放入榨汁机榨汁。

③榨出的汁用消毒纱布过滤后，加等量温开水冲调即可。

【营养解析】苹果含有丰富的糖类、维生素C、蛋白质、胡萝卜素、果胶、单宁酸、有机酸，以及钙、磷、铁、钾等营养物质，是喂养4~6个月宝宝首选的水果。

温馨提示：由于苹果所含果糖和果酸较多，有较强的腐蚀作用，吃后最好及时给宝宝漱口。

解答妈妈最关心的问题：

【食材安全选购】新鲜的苹果表皮发黏，并且能看到一层白霜，且质地紧密、结实、清脆，色泽光鲜，并且有一股香味。而储藏时间比较长的苹果外形皱缩，熟透了的苹果在表皮轻轻一按就很容易凹陷。

【更多配餐方案】在宝宝完全适应苹果后，可以将苹果汁兑入米糊中。

白菜汁

材料

新鲜白菜200克

做法

①将锅置于火上，加适量水烧开。

②放入白菜略煮，取出后切成小块。

③将白菜块放入榨汁机中榨汁后，用消毒纱布过滤即可。

【营养解析】白菜中富含维生素A和维生素C，可促进宝宝身体发育和预防夜盲症。另外，白菜汁中含有的硒有助于防治宝宝弱视，还可以促进造血功能。白菜中锌的含量也高于肉类和蛋类，有促进幼儿生长发育的作用。

解答妈妈最关心的问题：

【食材安全选购】挑选包心的大白菜以顶部包心紧、分量重、底部突出、根的切口大的为好。

【更多配餐方案】宝宝添加辅食需要从单一食物开始，在宝宝完全适应白菜后，可将白菜汁兑入米糊中，或将白菜切碎与大米一起煮成米糊。

温馨提示：白菜中含有破坏维生素C的氧化酶，这些酶在60℃～90℃的温度范围内会使维生素C受到严重破坏，同时维生素C是不耐高温的物质，所以沸水下锅，一方面缩短了蔬菜加热的时间，另外也使氧化酶无法起作用，维生素C得以保存。

玉米汁

材料
玉米1根
做法
①将玉米煮熟，把玉米粒掰到器皿里。
②用1：1的比例，将玉米粒和温开水放到榨汁机里榨汁后，用消毒纱布过滤即可。

【**营养解析**】玉米汁富含人体必需而自身又不易合成的多种营养物质，如铁、钙、硒、锌、钾、镁、锰、磷、谷胱甘肽、氨基酸等，具有提高大脑细胞活力、提高记忆力、促进生长发育等作用。

解答妈妈最关心的问题：

【**食材安全选购**】购买生玉米时，应挑选外皮鲜绿，果粒饱满，七八分熟的为好。玉米太嫩，水分太多；玉米太老，淀粉多而蛋白质少，口味也欠佳。

【**更多配餐方案**】在宝宝完全适应玉米后，可以将玉米汁兑入宝宝喝的米糊中。

温馨提示：发霉变质的玉米会产生有毒物质——黄曲霉毒素，会损伤人体的肝脏组织，降低免疫能力，所以发霉的玉米绝对不能给宝宝食用。

苹果土豆泥

材料

土豆20克，苹果1个

做法

①将土豆和苹果去皮，洗净。

②土豆蒸熟后捣成土豆泥，苹果用搅拌机碎成泥。

③将土豆泥倒入水中煮开。

④在苹果泥中加入适量水，用另外的锅煮至稀粥样时关火，将苹果糊倒在土豆泥上即可。

【**营养解析**】这道辅食的蛋白质和维生素C、维生素B_1、维生素B_2含量都非常丰富，锌、钙、磷、镁、钾含量也很高，尤其是土豆中钾的含量，在蔬菜里排行前列。

解答妈妈最关心的问题：

【**食材安全选购**】选购土豆的时候，要挑选表皮颜色均一、皮薄、有一定重量、手感较硬的。

【**更多配餐方案**】苹果也可以换成葡萄，但葡萄一定要记得去籽、去皮。

温馨提示： 土豆皮含有一种叫生物碱的有毒物质，人体摄入大量的生物碱，会引起中毒、恶心、腹泻等反应。因此，食用时一定要去皮，特别是要削净已变绿的皮。此外，发了芽的土豆毒性更强，食用时一定要把芽和芽根挖掉，并放入清水中浸泡一下，炖煮时宜用大火。

南瓜米糊

材料

大米60克，南瓜100克

做法

①大米略洗，南瓜去皮洗净，切成丁，倒入豆浆机，加入适量清水。

②按下五谷豆浆键，打磨完成后，无须过滤，倒入杯中即可饮用。

【营养解析】南瓜中含量丰富的锌，为人体生长发育的重要微量元素。因此，小孩多吃南瓜，可以促进其生长发育。南瓜中富含胡萝卜素，能有效保护视力，促进骨骼发育，维护皮肤健康。大米中的氨基酸组成平衡合理，蛋白质主要是米精蛋白，易于被人体消化吸收。

解答妈妈最关心的问题：

【食材安全选购】南瓜最好挑选外形完整的，表面有损伤、虫害或斑点的不宜选购，最好是瓜梗蒂连着瓜身，这样的南瓜很新鲜，可长时间保存。质量好的大米外观色泽玉白、晶莹剔透，闻起来有一股稻草的清香味，抓一把米轻轻地撮一撮，新米会有一点发涩。

【更多配餐方案】南瓜也可以换成胡萝卜，胡萝卜最好选择比较脆嫩的，口感更佳。

温馨提示： 南瓜的皮较硬，需将硬的部分削去再食用。在烹调的时候，南瓜心含有相当于南瓜肉5倍的胡萝卜素，要尽量全部加以利用。

芹菜米糊

材料

大米60克，芹菜3根

做法

①大米略洗，芹菜切成丁，倒入豆浆机，加适量清水。

②按下五谷豆浆键，打磨完成后，无须过滤，倒入杯中即可饮用。

【**营养解析**】大米中的氨基酸组成平衡合理，蛋白质主要是米精蛋白，易于被人体消化吸收。芹菜富含蛋白质、碳水化合物、胡萝卜素、B族维生素、钙、磷、铁等营养成分。

解答妈妈最关心的问题：

【**食材安全选购**】选购芹菜时，色泽要鲜绿，叶柄应是厚的，茎部稍呈圆形，内侧微向内凹，这种芹菜的品质是上好的，可以放心购买。

【**更多配餐方案**】有些宝宝可能不太喜欢芹菜的味道，可把芹菜换成小油菜或小白菜。

温馨提示： 芹菜不宜和黄瓜一起食用，因为黄瓜中含有维生素C分解酶，如果和芹菜同食，芹菜中的维生素C就被分解破坏，从而大大降低其营养价值。

什锦豆腐糊

材料

嫩豆腐1/6块，胡萝卜150克

做法

①将豆腐放入开水中焯一下，沥干水分后切成碎块，放入碗中捣碎。
②胡萝卜洗净去皮，煮熟后捣碎。
③将豆腐泥和胡萝卜放入锅内，加少量清水煮至收汤为止。

【营养解析】此糊营养丰富全面，特别是含有丰富的蛋白质，宝宝食用能获得全面而合理的营养，有利于宝宝各器官的生长发育。适合4个月以上的宝宝食用。

解答妈妈最关心的问题：

【食材安全选购】优质豆腐呈均匀的乳白色或淡黄色，稍有光泽，块形完整，软硬适度，富有一定的弹性，质地细嫩，结构均匀，无杂质，并具有豆腐特有的香味。

【更多配餐方案】在宝宝适应了胡萝卜和豆腐的情况下，也可以在什锦豆腐糊中加一些宝宝喜欢的青菜。

温馨提示：因豆腐中含嘌呤较多，脾胃虚寒、经常腹泻的宝宝要忌食。

菠菜米糊

材料

白米糊4匙，菠菜10克

做法

①菠菜洗净后，放入沸水中，快速余烫并沥干水分。

②将菠菜放入料理机中搅打成泥状，再用消毒纱布过滤。

③在白米糊中放入适量水和菠菜泥，煮开即可。

【营养解析】菠菜中含有的铁元素，是血红蛋白的重要成分，能辅助治疗缺铁性贫血。

解答妈妈最关心的问题：

【食材安全选购】选购菠菜时，要选叶子厚、伸展好，且叶面宽、叶柄短的，如果叶部有变色现象要予以剔除。

【更多配餐方案】如果宝宝不太能接受菠菜的味道，可以将菠菜换成油菜。

温馨提示：先把洗净的菠菜在沸水中烫一烫，再做成菠菜米糊，这样可以去掉菠菜的涩味。

香蕉糊

材料

香蕉半根，牛奶1匙

做法

①香蕉剥皮，用小勺把香蕉捣碎，研成泥状。

②把捣好的香蕉泥放入小锅里，加1匙牛奶，调匀。

③用小火煮2分钟左右，边煮边搅拌。

【**营养解析**】香蕉含有多种维生素，此外，还含有人体所需要的钙、磷、铁等矿物质。香蕉味甘、性寒，具有清热、生津止渴、润肺滑肠的功效。

解答妈妈最关心的问题：

【**食材安全选购**】选购香蕉时，以果指肥大，果皮外缘棱线较不明显，果指尾端圆滑者为佳。香蕉表皮有梅花点的味道较佳。选购时留意蕉柄不要泛黑，若出现枯干皱缩现象，很可能已开始腐坏，不可购买。

【**更多配餐方案**】香蕉除了跟牛奶搭配，也可以和磨碎的大米一起煮成香蕉大米糊。

温馨提示：不宜给空腹的宝宝喂食香蕉。空腹吃香蕉会使人体中的镁骤然升高而破坏人体血液中的镁钙平衡，对心血管产生抑制作用，不利于宝宝的身体健康。

胡萝卜泥

材料

胡萝卜50克

做法

①胡萝卜洗干净去皮，切成片。

②将胡萝卜片放入蒸锅蒸软，压成泥，取一小团直接用小勺喂宝宝吃，也可以加母乳或者配方奶粉调制后喂给宝宝吃。

【营养解析】胡萝卜富含 β -胡萝卜素，可促进上皮组织生长，增强视网膜的感光力，是宝宝必不可少的营养素。

解答妈妈最关心的问题：

【食材安全选购】胡萝卜茎口越大，说明芯越粗越硬，因此最好选择茎口较小的。呈绿色的胡萝卜比较生硬，最好不要选。

【更多配餐方案】在宝宝适应了胡萝卜后，可尝试在胡萝卜中加点红薯，口感更好，营养也更加全面。

温馨提示： 宝宝开始长牙时牙齿痒，常咬人咬物，把胡萝卜洗干净并切成大小合适的萝卜条，让宝宝啃着玩，既可以当辅食，又有助于长牙。

猕猴桃汁

材料

猕猴桃2个

做法

①将猕猴桃用流动水清洗干净，剥去外皮。

②放入榨汁机中榨出猕猴桃汁，过滤后加等量温开水冲调，即可饮用。

解答妈妈最关心的问题：

【食材选购要点】猕猴桃的选购要注意以下方法：从形状上看要选择头尖的，而不要选头扁的。从颜色上来看，真正成熟的猕猴桃整个果实都是软软的，而且表皮颜色略深，接近土黄色，这是日照充足的象征，也更甜。从外表来看，选购猕猴桃时应挑选体型饱满、无损伤、无病虫的，靠近尖端的部位透出隐约绿色的。

【更多配餐方案】在宝宝适应了猕猴桃后，可以将猕猴桃汁兑入宝宝吃的米糊中。

【营养解析】猕猴桃又名奇异果，富含维生素C，号称"水果之王"。猕猴桃中还含有丰富的膳食纤维，它不仅能降低胆固醇，促进心脏健康，还可以帮助消化，防止便秘，快速清除体内堆积的有害代谢物。

温馨提示：腹泻宝宝不宜食用猕猴桃，过敏宝宝也不宜食用。

小米豆浆

材料

黄豆50克，小米20克

做法

①将黄豆、小米洗净，浸泡一晚。

②将泡好的黄豆、小米放入料理机中，加适量清水打成浆，用纱布过滤出清浆。

③将清浆煮滚2次后，放凉即可喂宝宝喝。

【营养解析】黄豆含有丰富的蛋白质、多种优质的氨基酸，以及各类矿物质，有助于宝宝的成长发育。口腔发炎的宝宝吞咽变得困难，胃口不佳，此时可以让宝宝饮用容易入口的豆浆来补充营养。

解答妈妈最关心的问题：

【食材安全选购】黄豆颗粒饱满且整齐均匀，无破瓣，无缺损，无虫害，无霉变，无挂丝的为好黄豆。

【更多配餐方案】豆浆中的小米也可换成大米。

温馨提示：黄豆不宜搭配虾皮食用，容易引起消化不良。

二、7~9个月：开始长牙时的细嚼型辅食

7~9个月是宝宝从以吃奶为主到1岁左右以吃饭为主的过渡时期，也就是断奶期。通过前面几个月科学有序的辅食喂养，宝宝已经接受了汁水、糊状和泥状食物。到本阶段，可以给宝宝添加一些磨碎或者煮软的半固体或者固体辅食了。

🔸 吃得精致，辅食为宝宝成长助力

这个阶段的宝宝已经长出了一两颗牙齿，胃肠道的发育也开始成熟，已经能吃半固体或固体食物了，并且宝宝也可以记住各种蔬菜、水果及谷类的味道了。习惯了这些味道，妈妈在这个时候可以慢慢增加每顿辅食的量，由最初的1~2勺增加到3~4勺，每日2次，逐渐可替代1次母乳。这个时期宝宝已开始长牙，为了促进其牙齿发育，可以及时给他啃啃馒头、面包片或饼干等固体食物，让宝宝在用餐的间隙也能磨磨牙，刺激牙齿的生长。

7~9个月可添加的食物

从这个月开始，除了要保证给宝宝的奶量不变，还可以喂些烂面条和粥，另外也可以给宝宝添加些菜泥、肉泥、鱼泥、肝泥、豆制品、蛋黄等。慢慢地，食物就可以由稀变为稠，食物颗粒慢慢变粗，水分逐渐减少。

表2-2 7~9个月断奶中后期可添加食物表

食物清单	断奶中期 （7~8个月）	断奶中后期 （9个月）
果泥、果汁	○	○
蔬菜泥、蔬菜汁	○	○
蛋黄	×	△
鸡蛋（包括蛋白）	×	△
河鱼、河虾	○	○
海鱼、海虾	×	△
禽肉（鸡、鸭肉等）	○	○
畜肉（猪、牛肉等）	○	○
其他海鲜（如贝类、鱿鱼等）	×	△

注：上表中"○"表示可以选用，"△"表示可根据宝宝的实际情况选用，"×"表示不能选用。

辅食添加应注意

● 培养宝宝良好的进食习惯。要让宝宝养成在固定地点、固定时间吃饭的习惯，让宝宝慢慢形成吃饭的概念。另外，要让宝宝养成专心吃饭的习惯，不要让宝宝一边吃一边玩，或是一边吃一边看电视，也不要在喂宝宝吃饭时和宝宝说太多的话，或是和其他家庭成员聊天。大人的行为对宝宝影响很大，宝宝会不自觉地模仿大人，所以想让宝宝做到的习惯，大人一定要先做到。

● 训练宝宝独立进食。这一阶段宝宝喜欢用手抓东西吃，应该鼓励宝宝自己动手吃，学习吃饭是成长的一个必经的过程。可为宝宝准备一些可以用手抓着吃的食物，比如黄瓜条、长条饼干等。

● 添加时机和方式。最初可在每天傍晚的一次哺乳后给宝宝补充淀粉类食物，以后逐渐减少这一次哺乳量而增加辅食量，直到完全以辅食喂宝宝而不再让他吃奶。按照这种方式每天可安排 2~3 次哺乳、1 餐谷类辅食、1 次点心（水果或蔬菜），辅食的量可以逐渐加至 2/3 碗 (6~7 勺)。

● 注意观察宝宝的反应。改变食物的性状时，要注意观察宝宝的大便，如果出现腹泻则说明宝宝对食物的性状不接受，出现了消化不良，应该停止添加新性状的食物。可以待宝宝大便情况正常后，少量添加一些新性状的食物，或者把食物做得再细软一些。

● 特别注意宝宝辅食的食品安全。宝宝因年幼，容易感染各种疾病，所以家长在喂养时，应注意饮食卫生，严防病从口入。一定要给宝宝选用新鲜的蔬菜、水果，选择那些无农药污染、无霉变、硝酸盐含量低且新鲜干净的食物。提倡给宝宝食用带皮水果的果肉，如橘子、苹果、香蕉、木瓜、西瓜等，这类水果的果肉部分受农药污染与病原感染的机会较少。对于已经买回家的蔬菜，可以用蔬菜清洗剂或小苏打浸泡后再用清水冲洗干净。根茎类蔬菜和水果，一律要削皮后再烹调或食用。尽量不用消毒剂、清洗剂清洗宝宝用的餐具和炊具、砧板、刀等，以免化学污染。可以采用开水煮烫的办法保持厨具卫生。

跟断奶有关的那些事

● 断奶食物应做到营养均衡。断奶初期，宝宝一直在食用单一味道的食物，如米粥、蔬菜泥或水果泥等，到了断奶中期，食谱应该丰富多样，除了米粥、蔬菜泥，还可以添加鸡胸肉、牛肉、白肉鱼等肉类；同时，妈妈要注意谷物、蔬菜、肉类以及海鲜等食品的搭配是否全面合理，这样宝宝不仅可以摄取足够而丰富的营养素，还能品尝不同食物的味道。此外，妈妈要减少给宝宝喂奶的次数，开始喂食捣烂的蔬菜泥或肉末等固体食物，但要注意把水果或蔬菜中的硬梗去除，并将鱼肉中的刺完全地清除干净，以免发生宝宝吞咽时卡住喉咙的情况。

● 当宝宝想要抓取食物时，可引导他使用汤匙。断奶中期的宝宝已经开始慢慢适应断奶食物，并能咀嚼和吞咽细碎的食物了。这时候宝宝开始出现独立意识，开始对很多事情感到好奇，因此想要自己伸手抓食物来吃，感受食物的触感及温度。妈妈看到这种情形后，可以将自己预先准备好的宝宝专用汤匙放到宝宝手中，让他熟悉汤匙的使用。

● 要注意断奶食物的硬度和浓度。到了断奶中期，宝宝不但吞咽食物的速度会加快，而且能够熟练地用舌头来挤碎食物了，妈妈可以开始在断奶食物中添加如同豆腐或果冻般硬度的块状食物，这些断奶食物以手指能够轻轻夹碎为宜。虽然宝宝的断奶食物一般来说无须调味，但在不影响食材原有味道的条件下，可以适当而极少量地使用酱油、盐以及白砂糖等调味料，以刺激宝宝的食欲。

❧ 宝宝，来吃辅食吧！

冬冬8个月大了，可看起来比同月龄的孩子瘦弱、矮小，他的妈妈很着急。为此，冬冬妈妈潜心钻研宝宝辅食的制作方法，学会了制作简单的白粥、鱼泥和蔬菜泥，而且味道可口，有时还会特意制作出新颖的造型，宝宝吃得津津有味，妈妈看得心花怒放。

现在的冬冬长得很结实了！

奶香玉米糊

材料

玉米粒80克，牛奶100毫升

做法

①将玉米粒放入沸水锅中焯水后捞出，取一部分放入搅拌机中搅成泥状，另一部分待用。

②将玉米泥和牛奶一起搅拌，混合均匀。

③将搅拌后的液体倒入锅中，边煮边搅匀，煮开后盛入碗中，放上玉米粒即可。

【营养解析】玉米中的纤维素含量很高，能刺激胃肠蠕动，加速排泄并把有害物质带出体外。牛奶含丰富的钙、维生素D，以及人体生长发育所需的全部氨基酸，消化率高达98%，营养价值极高。

解答妈妈最关心的问题：

【食材安全选购】购买生玉米时，挑选七八成熟的为好。玉米太嫩，含水分太多；太老，其中的淀粉多而蛋白质少，口味也欠佳。

【更多配餐方案】奶香玉米糊中的玉米也可以换成胡萝卜，或者在宝宝适应了奶香玉米糊后，加入少许胡萝卜末。

温馨提示：玉米富含镁，能够促进宝宝对钙的吸收，对宝宝骨骼和牙齿的生长有着重要的作用。

蔬菜米糊

材料

胡萝卜20克，小白菜、小油菜各10克，婴儿米粉1碗

做法

①将小白菜和小油菜择洗干净，切碎；胡萝卜洗干净，去皮切块，用打碎机分别打成碎末。

②将小白菜末、小油菜末、胡萝卜末一起放入沸水中焯3分钟后熄火。

③将焯好的材料捞出，滤去水分，放入研磨碗中磨成泥，再加入婴儿米粉中，搅拌均匀即可。

【营养解析】这款蔬菜米糊中，含有蛋白质、碳水化合物以及维生素C等多种营养元素，有利于宝宝的生长发育。

解答妈妈最关心的问题：

【食材安全选购】选购小白菜时要尽量选择新鲜的，新鲜的小白菜菜叶呈绿色、鲜艳而有光泽、无黄叶、无腐烂、无虫蛀现象。购买小油菜时要挑选新鲜、油亮、无虫、无黄叶的嫩油菜，菜梗用两指轻轻一掐即断者为佳。

【更多配餐方案】蔬菜米糊中的绿叶蔬菜，也可以换成西蓝花、油菜。

温馨提示：小白菜因质地娇嫩，容易腐烂变质，一般是随买随吃。如保存在冰箱内，可保鲜1~2天。

苹果面包糊

材料

吐司1/2片，苹果1/4个

做法

①将已切去硬边部分的吐司切成小碎屑。

②苹果洗净后，去皮，磨成泥，备用。

③将适量清水煮沸，加入吐司屑和苹果泥一起熬煮即可。

【营养解析】苹果含有丰富的有机酸、纤维素、维生素、矿物质等营养物质，可以帮助宝宝调理肠胃、加速肠道蠕动，也具有促进淋巴系统功能的效果，所以，苹果对成长中的宝宝非常有益。

温馨提示：刚开始时，食材要切得很碎，渐渐地，食物的颗粒体积可以更大一些。

解答妈妈最关心的问题：

【食材安全选购】一般货架上日期新鲜的物品都会放在后方不易看到的位置，所以选购面包时，可以在最后几排选择，并看清楚保质期。再隔着包装袋用手轻轻按压面包，同一种面包，柔软一些的会更新鲜。

【更多配餐方案】宝宝要是吃腻了苹果，可以把它换成橘子或橙子，但记得要将果肉去络磨碎。

红薯大米糊

材料
大米粥20克，红薯10克

做法
①红薯洗干净去皮，切成薄片，入沸水锅中蒸至熟软，用勺子压成薯泥。
②将3分稠的大米粥小火煮沸，加入薯泥拌匀即可。

【营养解析】红薯富含蛋白质、糖、纤维素和多种维生素，可以增强宝宝的免疫力。

解答妈妈最关心的问题：

【食材安全选购】红薯应首先挑选纺锤形状的，其次要看表面是否光滑，也可以用鼻子闻一闻是否有霉味。发霉的红薯含酮毒素，不可给宝宝食用。

【更多配餐方案】可以将红薯换成营养更加丰富的紫薯，但不宜让宝宝食用过多，否则容易引起胀气。

温馨提示：红薯最好在午餐时段喂给宝宝吃。这是因为红薯所含的钙质需要在人体内经过4~5小时才能被吸收，而下午的日光照射正好可以促进钙的吸收。这样，宝宝在午餐时吃红薯，钙质可以在晚餐前全部被吸收，并且不会影响晚餐时吸收其他食物中的钙。

苹果红薯米糊

材料

苹果20克，红薯20克，米粉30克

做法

①红薯洗净去皮、苹果洗净去皮去核切碎，放入沸水中煮软，用研磨器碾成泥。

②在果泥、薯泥中拌入米粉，加温水调匀即可。

【营养解析】苹果中的粗纤维可使宝宝大便松软、排泄便利。同时，有机酸可刺激肠壁，增加蠕动，起到通便的效果。苹果搭配红薯米粉，功效加倍，很适合肠胃不佳的宝宝食用。

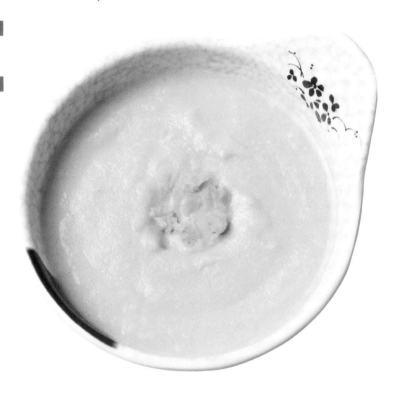

解答妈妈最关心的问题：

【食材安全选购】不要盲目相信进口水果的质量会更好。进口水果"在路上"的时间更久，运输途中还可能发生营养物质降解，新鲜度并不一定理想。

【更多配餐方案】土豆和红薯一样营养健康，也可将红薯换成土豆，让宝宝适应更多不同食物的味道。

温馨提示：可用料理机来制作这道辅食，不仅能更好地保留食物原有的风味，也能更好保留食物的营养。

红枣枸杞米糊

材料

大米60克，红枣15克，枸杞5克

做法

①大米加清水浸泡2小时，红枣洗净去核，枸杞洗净泡发。

②将泡好的大米沥去水分后放入食品料理机中，再加入红枣、枸杞、适量清水打成糊状。

③将打好的混合米糊放入汤锅中煮开即可。

【营养解析】红枣富含铁和钙，对于正需要补钙的宝宝而言是佳品；红枣还可以抗过敏、宁心安神、益智健脑、增强食欲；枸杞有益精明目、养血、增强宝宝免疫力的功效。

温馨提示：枸杞不是所有的人都适合食用，由于它温热身体的效果很强，感冒发热、身体有炎症以及腹泻的宝宝最好别吃。

解答妈妈最关心的问题：

【食材安全选购】挑红枣时要看整个红枣的饱满度，优质红枣枣皮色紫红且薄，颗粒大而均匀，果形短壮圆整，皱纹少，痕迹浅。劣质或软化的红枣，掰开后坏掉的部分枣肉是褐色的，而优质红枣枣核小，整个枣肉颜色均匀、质地厚实、有弹性、不松散。

【更多配餐方案】也可将米糊中的大米换成小米或是米粉，给宝宝尝试更多不同的味道。

土豆西蓝花泥

材料

土豆20克，西蓝花10克，宝宝奶酪适量

做法

①土豆洗净去掉皮，切成片，入沸水锅中蒸熟、蒸透。
②西蓝花洗干净，取嫩的骨朵焯一下，捞出剁碎。
③将蒸好的土豆碾成泥，与西蓝花、奶酪搅匀即可。

【营养解析】奶酪主要成分为蛋白质，并含有丰富的钙、磷、维生素E等；西蓝花有增强机体免疫功能的作用；土豆具有很高的营养价值，富含淀粉、蛋白质、脂肪、粗纤维等。

解答妈妈最关心的问题：

【食材安全选购】妈妈给宝宝购买原味的宝宝奶酪即可，同时还要注意查看成分表，确定是否添加了人工色素或防腐剂。

【更多配餐方案】宝宝如果不喜欢西蓝花的味道，妈妈们可以将西蓝花换成花菜。

温馨提示：虽然西蓝花较难清洗，但是也不能先切再洗。因为先切成小朵再洗，会使西蓝花中大量的维生素在水的冲击下流失，而且切口与空气接触太久也会使一些营养元素氧化。

香蕉南瓜蒸

材料

香蕉1根，南瓜1小块，配方奶半小碗

做法

①南瓜去掉皮、籽，洗干净，切成小块；香蕉剥皮，切成小块。

②将处理好的南瓜、香蕉分别捣成泥。

③将香蕉泥、南瓜泥放入配方奶中，蒸10分钟即可。

【营养解析】香蕉中含有丰富的钾和镁，维生素、糖分、蛋白质和矿物质的含量也很高，不仅是很好的强身健脑食品，更是便秘宝宝的最佳食物。南瓜中的甘露醇也具有通便功效，所含果胶可减缓糖类的吸收。

解答妈妈最关心的问题：

【食材安全选购】现在市面上配方奶的年龄段划分非常详细，可以根据相应年龄段宝宝的需求更改适合的配方奶。

【更多配餐方案】南瓜是很百搭的食物，妈妈们可以将香蕉换成苹果或者芝士，让宝宝尝试更多不同的味道。

温馨提示：南瓜的皮含有丰富的胡萝卜素和维生素，所以最好连皮一起食用，如果皮较硬，就用刀将硬的部分削去再食用。南瓜心含有相当于南瓜肉5倍的胡萝卜素，所以在烹调的时候要尽量全部加以利用。

猪骨胡萝卜泥

材料

胡萝卜、猪骨各150克，醋适量

做法

①猪骨洗干净；胡萝卜洗净，削皮切块；下锅同煮，并滴2滴醋进去。

②待汤汁浓厚、胡萝卜酥烂时，捞出猪骨和杂质，用勺子将胡萝卜碾碎即可。

【营养解析】猪骨中的脂肪可促进胡萝卜中 β -胡萝卜素的吸收。β -胡萝卜素可以在人体内转化为维生素A，使宝宝的皮肤更细腻、眼睛更明亮。

解答妈妈最关心的问题：

【食材安全选购】选购猪骨时，骨头断口处骨髓应呈粉红色，瘦肉部分应该呈现出红色或者粉红色，光泽好，流出的液体较少。

【更多配餐方案】担心猪骨太油腻的话，可以把猪骨换成猪瘦肉或者牛肉。

温馨提示：胡萝卜不宜与富含维生素C的蔬菜（如菠菜、油菜、花菜、番茄、辣椒等）或水果（如柑橘、柠檬、草莓、枣子等）同食，否则会破坏维生素C，降低营养价值。

木瓜泥

材料

木瓜50克

做法

①将木瓜洗净，去籽、去皮后切成丁。

②放入碗内，然后用小汤匙压成泥状即可。

【营养解析】木瓜富含大量水分、碳水化合物、蛋白质、脂肪、多种维生素及多种人体必需的氨基酸，能够补充人体所需营养，增强抗病能力。

解答妈妈最关心的问题：

【食材安全选购】挑选木瓜以外观无瘀伤凹陷、果型长椭圆形且尾端稍尖者为佳。

【更多配餐方案】妈妈在压木瓜泥时，可加1匙配方奶或一些芝士碎末。

温馨提示：成熟的木瓜果肉很软，不易保存，买回来后要立即食用。

苹果稀粥

材料

大米10克，苹果30克

做法

①把白米磨碎，再加适量清水熬成米粥。

②苹果洗净，去皮和果核之后，磨成泥。

③在米粥里放进苹果泥，煮开即可。

【**营养解析**】苹果富含果胶和纤维素，能促进胃肠蠕动，调理肠胃，预防宝宝便秘。

解答妈妈最关心的问题：

【**食材安全选购**】选购苹果时，应挑选个大适中、果皮光洁、颜色艳丽、软硬适中、果皮无虫眼和损伤、气味芳香的。

【**更多配餐方案**】苹果稀粥中的苹果，也可以用胡萝卜、番茄替代。

温馨提示：苹果一定要去除果核，以免造成宝宝喉咙被硬物卡住。

温馨提示：用指甲掐南瓜的皮，如果不留指痕，表示南瓜太老了，这样的南瓜不要买。

南瓜粥

材料

南瓜50克，大米50克

做法

①将南瓜清洗干净，削皮，切成碎粒。

②将大米清洗干净后放入小锅中，再加入适量清水，中火烧开，转小火继续熬煮20分钟。

③将切好的南瓜粒放入粥锅中，小火再煮10分钟，煮至南瓜软烂即可。

【营养解析】南瓜含有丰富的胡萝卜素、锌和糖分，且较易被人体消化吸收，非常适合刚开始吃辅食的宝宝食用。

解答妈妈最关心的问题：

【食材安全选购】选购南瓜时应挑选果型大，外表呈淡黄色或橘黄色，扁球形或长圆形的，果皮光滑，并具有明显的浅沟或肋的南瓜。

【更多配餐方案】除了可以把南瓜粥中的大米换成小米，也可以在南瓜粥中加少许芝士末。

鸡蓉玉米羹

材料

鸡胸肉、鲜玉米粒各30克，鸡汤
100毫升

做法

①鸡胸肉和玉米粒洗干净，分别剁
成蓉备用。

②将鸡汤烧开撇去浮油，加入鸡肉
蓉和玉米蓉搅拌后煮开，转小火再
煮5分钟即可。

【营养解析】玉米中的纤维素含量很
高，是大米的10倍，大量的纤维素能
刺激胃肠蠕动，缩短了食物残渣在肠
内的停留时间，可加速排泄并把有害
物质带出体外。鸡肉蛋白质的含量比
例较高，而且消化率也很高，很容易
被宝宝吸收利用，且有增强体力、强
壮身体的作用。

解答妈妈最关心的问题：

【食材安全选购】购买新鲜的鸡胸肉时，要注意观察肉质是否紧密排列，按压有弹性的鸡胸肉较新
鲜。新鲜鸡胸肉颜色一般呈干净的粉红色，而且有光泽。

【更多配餐方案】鸡胸肉可以换成猪瘦肉或者牛肉，但是应尽量避免选择海鲜，以免宝宝出现食物
不耐受的情况。

温馨提示： 本品也可用骨头高汤、清水代替鸡汤。若宝宝的肠胃发育健康，可以在他们的饮食中适当增加
一些动物油脂，但是注意不要过于油腻。

红豆汤

材料

红豆75克

做法

①将红豆放入清水中，加盖泡4个小时后沥干，备用。
②将红豆放入适量清水中，用大火煮开后，转小火再炖煮40分钟即可。

【营养解析】红豆富含维生素E及钾、镁、磷等，对宝宝能起到清热解毒、健脾益胃的作用。

解答妈妈最关心的问题：

【食材安全选购】红豆以豆粒完整、颜色深红、大小均匀、紧实皮薄的为佳品；其颜色越深，表示铁质含量越高。

【更多配餐方案】可以将红豆磨碎，与大米一起煮成米糊或稀粥给宝宝食用。

温馨提示： 红豆是富含叶酸的食物，产妇、乳母多吃红豆有催乳的功效。

南瓜稀粥

材料
大米10克，南瓜10克

做法
①把大米洗净磨碎，再加适量清水熬成米粥。

②南瓜洗净，去皮及瓤，蒸熟后磨碎。

③在米粥里放进磨碎的南瓜，煮开即可。

【营养解析】南瓜含有丰富的维生素A、维生素E和胡萝卜素，可改善与增强免疫力；南瓜中含量丰富的锌是促进宝宝生长发育的好帮手。南瓜熬成的米粥好消化、易吸收，不会对肠胃造成负担，对于骨骼与大脑的发育也有良好的促进作用。

解答妈妈最关心的问题：

【食材安全选购】选购时，同样大小体积的南瓜，要挑选重量较重的。购买已经切开的南瓜，则选择果肉厚实、新鲜水嫩的。

【更多配餐方案】妈妈可以在南瓜稀粥中加一点苹果蓉，给宝宝更丰富的味蕾感受。

温馨提示：南瓜不宜与羊肉同食，否则可导致黄疸。

牛肉菜粥

材料

白米粥4匙，牛肉10克，包菜10克

做法

①牛肉去除脂肪后，剁碎；包菜洗净，烫熟后切碎。

②锅中放入白米粥和水，煮开后加入牛肉和包菜，改用小火搅拌熬煮，直到粥变浓稠即可。

【营养解析】牛肉含有丰富的蛋白质，能提高机体抗病能力，增强人体免疫力。

解答妈妈最关心的问题：

【食材安全选购】牛肉应以有光泽，色泽均匀，肉质呈稍暗的红色，脂肪颜色为乳白色或者淡黄色，外表微干且不黏手，弹性好的为佳。

【更多配餐方案】由于牛肉不宜食用过多，妈妈们可以把牛肉换成鸡胸肉或者猪瘦肉。

温馨提示：牛肉不宜食用过多，宜1周食用1次。

虾仁西蓝花粥

材料

大米15克，虾仁3只，西蓝花10克，胡萝卜10克，高汤90毫升

做法

①大米洗净磨碎；虾仁洗净剁碎；西蓝花洗净，余烫剁碎；胡萝卜洗净去皮，剁碎。

②锅中放入大米和高汤熬煮成米粥，加入剁碎的西蓝花、胡萝卜和虾仁煮熟即可。

【营养解析】虾仁和西蓝花营养丰富，能增强宝宝的体力，促进肝脏解毒，增强抗病能力。

解答妈妈最关心的问题：

【食材安全选购】西蓝花以菜株亮丽、花蕾紧密结实的为佳；花球表面无凹凸，整体有隆起感的为良品。

【更多配餐方案】虾仁最好选择淡水虾，也可以选择将虾仁换成淡水鱼的鱼肉。

温馨提示： 西蓝花在食用前应去虫，方法是将西蓝花放在淡盐水中浸泡一下，然后用清水洗净即可。

香菇鸡肉粥

材料

鲜香菇1朵，鸡胸肉50克，大米、麦片（或小米、玉米渣等）适量

做法

①将香菇洗干净，切成小粒。

②鸡肉清洗后切成小粒，与香菇粒一起放入热油锅中稍微炒一下。

③炒好的食材入锅与大米、麦片(或小米、玉米渣等)一起熬粥，放凉后喂食。

【营养解析】香菇含有多种矿物质和维生素，尤其是维生素D，对促进人体新陈代谢、提高机体适应力有很大作用。鸡肉含有维生素C、维生素E等，蛋白质的含量比例较高，而且消化率也很高，很容易被宝宝吸收利用，有增强体力、强壮身体的作用。

解答妈妈最关心的问题：

【食材安全选购】选购香菇时，要选体圆齐正、菌伞肥厚、盖面平滑、质干不碎的。手捏菌柄有坚硬感，放开后菌伞随即膨松如故。菌伞要色泽黄褐，菌伞下面的褶裥要紧密细白，菌柄要短而粗壮，远闻有香气。

【更多配餐方案】有些宝宝对菌类过敏，可将香菇换成其他不易过敏的蔬菜，例如胡萝卜、油菜、西蓝花等。

温馨提示：香菇不宜与河蟹一起食用。香菇含有维生素D，河蟹也富含维生素D，两者一起食用，会使人体中的维生素D含量过高，造成钙质增加，长期食用易引起结石症。

三、10~12个月：断奶后期的咀嚼型辅食

宝宝 10 个月后，长出了 4~6 颗牙齿，就可以开始用牙床来压碎食物了。除了早晚需要喝奶，宝宝的进餐时间和次数基本和成人相同了，只要在三餐间加点小点心即可。

🍂 锻炼宝宝的咀嚼能力，向成人饮食过渡

10~12 个月的宝宝有了一定的咀嚼能力，消化能力也进一步完善，饮食可逐渐变为以一日三餐为主，但是除三餐外，早晚还要各吃一次奶粉或母乳。宝宝现在能吃的饭菜种类很多，但由于臼齿还未长出，不能把食物咀嚼得很细。虽然可以吃丁块固体食物，但还是要做得细软一些，肉类要剁成末，蔬菜要切得细碎，以便于消化。有的宝宝如果还没学会用牙床咀嚼食物，那么妈妈要注意锻炼宝宝的咀嚼能力。

10~12个月可添加的食物

这个时期的宝宝在饮食上从以乳类为主渐渐过渡到以谷类食物为主，每日吃2次奶和3顿主食。另外，宝宝一天可参考以下的饮食标准：米或面100克，肉类40~50克，配方奶600~800毫升，豆制品25~50克，鸡蛋1个，蔬菜150克，油10克，水果150克。

表2-3 10~12个月断奶后期可添加食物表

食物清单	断奶后期 （10~11个月）	断奶结束期 （12个月）
果泥、果汁	○	○
蔬菜泥、蔬菜汁	○	○
蛋黄	△	○
鸡蛋（包括蛋白）	△	○
河鱼、河虾	○	○
海鱼、海虾	○	○
禽肉（鸡、鸭肉等）	○	○
畜肉（猪、牛肉等）	○	○
其他海鲜（如贝类、鱿鱼等）	○	○

注：上表中"○"表示可以选用，"△"表示可根据宝宝的实际情况选用。

辅食添加应注意

● 适当增加食物的硬度。可以适当增加食物的硬度，让宝宝学习咀嚼以利于语言的发育、吞咽功能的完善，并增强舌头的灵活性。给宝宝的辅食，可以从稠粥转为软饭，从烂面条转为馄饨、包子、饺子、馒头片，从肉粒、菜粒转为碎菜、碎肉，从果汁、果泥转为小块的水果等。

● 定点定量。一日饮食安排向三顿辅食餐、一次点心和两顿奶过渡，逐渐增加辅食的量，为断奶做准备，但每日饮奶量应不少于600毫升。

● 不要过度注意宝宝进食的量。辅助食物的添加，实际上是帮助宝宝从乳类喂养过渡到成人饮食，所以每个阶段的辅食添加也不同。在10~12个月期间，宝宝的辅食质地以细碎状为主，饮食数量也会有所增加。虽然由于这个时期宝宝的乳类饮食相对减少，因此很多家长都希望宝宝多吃点辅食，但其实只要宝宝有足够的营养摄入，大可不必如此。

● 宝宝和大人的食物分开做。虽然宝宝已经可以和大人一起吃三餐饭了，但宝宝的臼齿还没长出，不能吃那些硬度较高的食物，水果类食物可以稍硬一些，但肉类、菜类、主食类还是应该软一些；同时，大人的食物对宝宝来说太咸，因此还是要单独给宝宝做饭，而且要注意食物种类的搭配，以保证营养均衡。

● 培养宝宝良好的饮食习惯。10~12个月的宝宝活动能力增强，可自由活动的范围增加，有些宝宝不喜欢一直坐着不动，包括喂食物的时候也是如此。若出现这样的情况，在喂食物前最好先把吸引宝宝的玩具等东西收好。若宝宝吃饭时出现扔汤匙的情况，家长要表示出"不喜欢宝宝这样做"。如果宝宝仍重复扔，建议停止给宝宝喂食食物，最好收拾饭桌，千万不要到处追着给宝宝喂食物。从现在起，家长就要培养宝宝良好的饮食习惯。

● 学习自己使用餐具。此时宝宝已有自己进食的基本能力，可以让宝宝使用婴儿餐具，学着自己吃饭。

跟断奶有关的那些事

● 食物硬度以宝宝能用牙龈嚼碎为标准。断奶后期的食物不再是流质食物了，即便妈妈充分考虑过宝宝的咀嚼情况，将食物处理成适宜的大小，难免还是会出现宝宝难以嚼碎或不易消化的情况，若是宝宝将食物往外吐或是被呛住，妈妈就要考虑是否是食物做得太硬，应该要再做得松软一些。食物的形状过大也会使得宝宝无法正常吞咽，最好做成适合宝宝食用的大小，培养宝宝细嚼慢咽的良好饮食习惯。

● 纠正宝宝边玩边吃的坏习惯。这个阶段，如果宝宝喜欢边玩边吃，妈妈可以让宝宝先随意吃半小时，然后结束用餐，即便宝宝想再吃也不要喂食，以此向宝宝宣示妈妈坚定的意志。妈妈如果这样重复一两次，宝宝的饮食坏习惯便能得到改善。

● 制订营养均衡的宝宝食谱。由于断奶期辅食进食量的增加，宝宝喝奶量将逐渐减少，因此营养来源多依赖断奶餐。富含碳水化合物的米饭、吐司，富含蛋白质的鸡蛋、海鲜和肉类，富含纤维质的萝卜、玉米、菠菜等，妈妈应注意这几大类食材的均衡搭配，帮宝宝制定丰富又营养的专属食谱。

● 宝宝开始对食物出现明显好恶，甚至产生偏食。随着月龄的增加，宝宝开始主动关注与吃有关的事物，并且逐渐产生独立意识，这时妈妈要特别注意让宝宝养成健康的饮食习惯。断奶后期，宝宝会开始挑选自己喜爱的食物，也会因为挑食和妈妈吵闹，但这时候宝宝对于食物的喜好是暂时的，如果妈妈将宝宝不爱吃的食物经常放在他手边，就可以逐渐纠正宝宝偏食的坏习惯了。

宝宝，来吃辅食吧！

　　冰冰11个月大了。每次妈妈带冰冰出来散步时，邻居总会夸：宝宝真漂亮，真乖！宝宝聪明漂亮，最大的功臣就是妈妈了。自从生下冰冰，妈妈就辞职在家一心一意地照顾她，冰冰4个月大时，妈妈就开始尝试自己制作辅食，力求让宝宝吃饱、吃好，吃出健康，吃出漂亮。接下来，让我们一起来看看冰冰妈妈的钻研成果吧。

香蕉奶酪糊

材料

香蕉半根，天然乳酪25克，鸡蛋1个，牛奶、胡萝卜各适量

做法

①鸡蛋连壳煮熟，取出用冷水浸泡一下，去壳，取出1/4只蛋黄，压成泥状。

②香蕉去皮，用勺子压成泥状；胡萝卜洗净去皮，用开水煮熟，磨成胡萝卜泥。

③把蛋黄泥、香蕉泥、胡萝卜泥、天然乳酪混合，搅拌，再加入牛奶，调成浓度适当的糊，放入锅内，煮开后再焖一会儿即成。

【营养解析】天然乳酪含有丰富的蛋白质和钙、磷、钾及维生素A、B族维生素、维生素C、维生素E等。这道辅食营养丰富，有利于宝宝大脑、骨骼等各器官的生长发育。

解答妈妈最关心的问题：

【食材安全选购】奶酪由牛奶发酵而成，所以是在不断熟成的，要注意保质期。硬质的奶酪可以在常温下储存几个月，软质的奶酪一般需要放入冰箱冷藏，并且在开封后3周内食用完毕，不然很容易发霉。

【更多配餐方案】可以将香蕉换成土豆，一样营养丰富、口感好。

温馨提示：煮鸡蛋时经常会出现蛋壳破裂的现象，要避免鸡蛋破壳，可以在冷水中放入鸡蛋并用小火煮。这样能让鸡蛋慢慢受热，避免开裂。

柳橙汁

材料

新鲜柳橙1个

做法

①将新鲜柳橙对半切开，然后挤汁。

②添加适量饮用水，将果汁稀释后饮用。

【**营养解析**】柳橙汁可以补充母乳、配方奶中维生素C的不足，增强宝宝抵抗力，促进宝宝生长发育。

解答妈妈最关心的问题：

【**食材安全选购**】柳橙要选果皮完整且水分足的。柳橙并不是越大越好，个头越大就越容易缺水，吃起来口感欠佳，以中等个头为宜。

【**更多配餐方案**】除了稀释后食用，也可以将柳橙汁兑到宝宝的米糊中。

温馨提示：柳橙性凉，每次不能给宝宝喂食太多。

核桃芝麻米糊

材料

黑芝麻10克，大米30克，核桃、黄冰糖碎末各适量

做法

①大米淘洗干净，将黑芝麻与大米以1:3的比例放入豆浆机，再加入核桃、黄冰糖碎末，加适量清水。

②按下五谷豆浆键，打磨完成后，无须过滤，倒入杯中即可饮用。

【营养解析】大米含有蛋白质、脂肪、维生素B$_1$、维生素A、维生素E及多种矿物质；黑芝麻含有大量的脂肪和蛋白质，还有糖类、维生素A、维生素E、卵磷脂、钙、铁、铬等营养成分。

解答妈妈最关心的问题：

【食材安全选购】优质的黑芝麻颗粒饱满、表面有光泽、大小均匀、干燥、气味香，买回的黑芝麻应放入罐中密封保存。新鲜的大米色泽乳白，呈半透明，粒型整齐，光滑有光泽。

【更多配餐方案】可以把黑芝麻换成白芝麻，也可以加1匙配方奶粉放在米糊中，给宝宝更好的味觉享受。

温馨提示： 黑芝麻直接吃不容易被消化，对于胃肠消化功能还不健全的宝宝来说，最好制成芝麻糊或者芝麻粉来食用。

虾仁南瓜泥

材料

大米30克，南瓜30克，虾仁50克

做法

①把大米放到搅拌机打成米碎。

②打好的米碎加约10倍水放到小砂锅中，小火熬煮，煮开后应多搅拌防糊底。

③南瓜洗净去皮，切成南瓜末，熟虾仁切成碎末。

④待粥稍显黏稠的时候，加入南瓜末，不断搅拌至南瓜透明。

⑤加入切好的虾仁末，煮至整个粥黏稠，即可出锅。

【营养解析】虾仁含有丰富的蛋白质、钾、碘、镁、磷等矿物质及维生素A、氨茶碱等成分，且肉质松软，易消化；南瓜含有人体所需的多种氨基酸及维生素、果胶、锌等营养成分。

解答妈妈最关心的问题：

【食材安全选购】优质虾仁有虾腥味，体软透明，弹性小。而水泡虾仁富有弹性，无虾腥味或有碱味，将虾肉顺肠线剥开，臭味就较为明显。

【更多配餐方案】可以把虾仁换成鱼肉，也可以加1匙配方奶粉放在南瓜泥中，给宝宝更好的味觉享受。

温馨提示：这道辅食可以使用料理机进行制作，不仅更便捷，也能让营养更容易被吸收。

鱼肉泥

材料

鱼肉50克

做法

①鱼肉洗净后去皮，去刺。

②放入盘内，上锅蒸熟后，将鱼肉捣烂即可。

【营养解析】鱼肉可以为宝宝补充丰富的蛋白质、钙、磷、铁及大量维生素。这道菜肉质软嫩、营养丰富。

解答妈妈最关心的问题：

【食材安全选购】给宝宝吃的鱼，最好选择鱼刺较少的，如鳕鱼、三文鱼、黄花鱼、鲻鱼等；另外，选购的鱼一定要新鲜。

【更多配餐方案】妈妈们也可以在鱼肉泥中加一些青菜末，让肉泥更加爽口。

温馨提示：蒸（煮）鱼宜用开水。这是因为鱼在突遇高温时，外部组织凝固，可锁住内部鲜汁。也可以用料理机来制作这道辅食，更加便捷快速，营养价值也更高。

三色豆腐虾泥

材料

胡萝卜50克，虾30克，油菜2棵，豆腐50克，食用油少量

做法

①胡萝卜洗干净，去掉皮切碎；虾去头、皮、泥肠，洗净后剁成虾泥。

②油菜洗干净用热水焯过后，切成碎末。

③豆腐冲洗过后压成豆腐泥。在锅内倒油，烧热后下入胡萝卜末煸炒，半熟时，放入虾泥和豆腐泥，继续煸炒至八成熟时，再加入碎菜，待菜熟烂即可。

【营养解析】这道菜含有丰富的纤维素、蛋白质、脂肪、碳水化合物、铁、钙、碘和维生素A、维生素B_1、维生素B_2，能刺激胃液分泌和肠道蠕动，增加食物与消化液的接触面积，有助于宝宝的消化和吸收，促进代谢，有利于宝宝的生长发育。

解答妈妈最关心的问题：

【食材安全选购】必须选购新鲜、无毒、无污染、无腐烂变质、无杂质的虾。活虾应当挑选肉质坚实细嫩、有弹性的；而冻虾仁应挑选表面略带青灰色、手感饱满的。

【更多配餐方案】若宝宝对虾过敏，妈妈可以把虾换成鱼肉，而且最好是淡水鱼。

温馨提示： 部分宝宝对虾过敏，所以第一次吃虾时要单独少量给予喂食，然后观察宝宝是否有过敏反应。如果没有，妈妈就可以放心地将鲜虾入馔，给宝宝更多的美味和营养。

胡萝卜丝虾皮汤

材料

胡萝卜丝150克，虾皮少许，食用油少量，香菜末少许

做法

①先将虾皮用温水浸泡20分钟，沥去水分。

②将锅置于火上，炒锅中放少许食用油，煸炒已经处理好的虾皮，至虾皮颜色变黄；加入胡萝卜丝翻炒；加水150~200毫升，盖上锅盖焖3~5分钟；放少许香菜末起锅即可。

【营养解析】虾皮中含有丰富的蛋白质和矿物质，尤其是钙的含量极为丰富，有"钙库"之称。胡萝卜中含丰富的 β-胡萝卜素，可增强视网膜的感光力，是人体必不可少的营养元素。

解答妈妈最关心的问题：

【食材安全选购】虾皮个体成片状，弯钩型，甲壳透明，色红白或微黄，体长25~40毫米。辨别其品质的优劣，可以用手紧握一把，松手虾皮个体即散开的是干燥适度的优质品；松手不散，且碎末多或发黏的，则为次品或者变质品。

【更多配餐方案】可以在胡萝卜丝虾皮汤中加些许青菜末，或者将虾皮换成少量肉末。

温馨提示：虾皮不要与菠菜一起吃，因为虾皮中的钙易与菠菜中的草酸结合，形成草酸钙，影响宝宝对钙的吸收。

胡萝卜小米粥

材料

胡萝卜、小米各50克

做法

①胡萝卜洗净去皮，切成1厘米见方的胡萝卜丁，备用。

②小米洗净，备用。

③将胡萝卜丁和小米放入锅内，加清水大火煮沸。

④转小火煮至胡萝卜绵软、小米开花即可。

解答妈妈最关心的问题：

【食材安全选购】优质的小米闻起来清香、无异味，捏起来不易碎，且看起来有光泽感，大小均匀。

【更多配餐方案】可以在胡萝卜小米汤中加少许肉末，肉末中的油脂有利于宝宝对维生素A的吸收。

【营养解析】胡萝卜含有丰富的维生素A，可以保护眼睛，润泽肌肤，有利于婴儿的牙齿和骨骼发育。

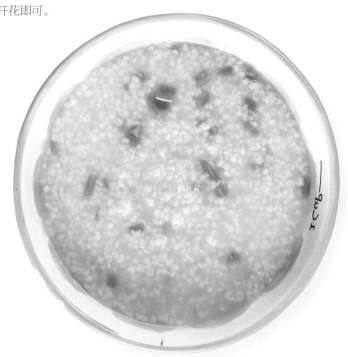

温馨提示： 烹调胡萝卜时，不要加醋，以免损失胡萝卜素。另外，不要过量食用胡萝卜，大量摄入胡萝卜素会使皮肤变成橙黄色。如果给宝宝食用过多，容易使宝宝皮肤变黄。

木瓜豆腐奶酪

材料
木瓜150克，乳酪25克，牛奶适量，豆腐50克

做法
①木瓜、豆腐切成小块，磨成泥状。
②把木瓜泥、豆腐泥、乳酪混合，再加入牛奶，调成浓度适当的糊，煮开后再焖煮一会儿即成。

【**营养解析**】木瓜含丰富的维生素A、B族维生素、维生素C及维生素E；豆腐营养丰富，含有铁、钙、磷、镁等人体必需的多种元素，还含有糖类、油脂和丰富的优质蛋白，素有"植物肉"之美称。

解答妈妈最关心的问题：

【**食材安全选购**】选购木瓜时，一般以大半熟的程度为佳，肉质较爽滑可口。购买时用手触摸，果实坚实而有弹性者为佳。

【**更多配餐方案**】南瓜、苹果同样适合与豆腐奶酪相搭配，美味又营养。

温馨提示： 木瓜可以作为水果食用，也可以入菜，搭配相宜的食材，能将木瓜的功效更好地发挥出来。

糯米山药粥

材料

糯米、大米各50克，山药适量

做法

①山药去皮，洗干净后切成小块。

②糯米和大米洗干净后加水煲煮，至七成熟后，放入山药一起煲煮至熟，晾凉即可给宝宝喂食。

【营养解析】山药含有淀粉酶、多酚氧化酶等物质，有助于增强脾胃的消化吸收功能，是一味平补脾胃的药食两用之品。

解答妈妈最关心的问题：

【食材安全选购】选购山药时，首先看重量，大小相同的山药，较重的更好。其次看须毛，同一品种的山药，须毛越多的口感更佳，含糖更多，营养也更好。

【更多配餐方案】担心糯米对宝宝来说不易消化的妈妈，可以把糯米换成小米。

温馨提示： 如果觉得煮好的粥颗粒较大，不利于宝宝吞咽，可以用食品料理机搅打成细腻的糊状再喂给宝宝吃。

松仁豆腐

材料

豆腐1块，松仁10克

做法

①将豆腐划成片，上锅蒸熟。

②松仁洗干净，用微波炉烤至变黄，用刀拍碎，撒在豆腐上，即可给宝宝喂食。

【**营养解析**】松仁中含有的钙、磷、铁很丰富，还含有胡萝卜素、维生素B$_1$、维生素B$_2$及尼克酸等成分，可起到健脑益智的作用。豆腐是蛋白质、钙等含量丰富的食品。

解答妈妈最关心的问题：

【**食材安全选购**】要购买大颗粒的松仁，因为这样的松仁往往生长周期长，也含有更多的营养。松仁饱满还说明是自然成熟，其口感更好。

【**更多配餐方案**】妈妈们也可以把松仁换成核桃仁，同样美味又健脑。

温馨提示：吃豆腐也要适量，长期过量食用豆腐很容易引起碘缺乏，导致碘缺乏病。此外，豆腐的消化时间长，有消化不良症状的宝宝不宜多食。

绿豆南瓜羹

材料

绿豆50克，南瓜100克

做法

①先将绿豆洗净，南瓜洗净去皮，切成约2厘米见方的块，待用。

②锅内加清水适量，烧开后，先下绿豆煮3~5分钟，待煮沸后下南瓜块，再用小火煮20分钟，至绿豆、南瓜烂熟即可。

【营养解析】绿豆含有蛋白质、碳水化合物、维生素E、镁、磷等营养成分，有利于宝宝骨骼和牙齿的发育；南瓜富含多糖、氨基酸、类胡萝卜素及多种微量元素等，能提高宝宝的免疫力。

解答妈妈最关心的问题：

【食材安全选购】选购绿豆时，应注意绿豆的颜色。新鲜的绿豆应是鲜绿色的，老的绿豆往往颜色会发黄。

【更多配餐方案】妈妈们也可以在绿豆南瓜羹中加些磨碎的大米，口感更加香醇可口。

温馨提示：绿豆忌用铁锅煮。绿豆中含有单宁，在高温条件下遇铁会生成黑色的单宁铁，食用以后会影响人的食欲，对人体有害。

山药粥

材料

面包屑适量，山药30克，米粥适量

做法

①山药去皮洗净，切成细丁后蒸熟。

②将熟山药丁放入米粥中煮5分钟，最后放入面包屑搅匀，略煮片刻即可。

【营养解析】山药营养丰富，其中淀粉酶有水解淀粉的作用，能直接为大脑提供热能；而胆碱和卵磷脂则有助于增强记忆力，对促进宝宝的大脑发育十分有益。

解答妈妈最关心的问题：

【食材安全选购】选购山药时，山药的横切面肉质应呈雪白色，这说明是新鲜的。若山药呈黄色或似铁锈的颜色，这说明山药已经采摘过久，氧化严重，切勿购买。表面有异常斑点的山药也不要买，因为这种山药可能感染过病害。

【更多配餐方案】面包屑可以换成红薯泥或是紫薯泥，更加甜美可口。

温馨提示： 山药切丁后需立即浸泡在盐水中，以防止氧化发黑。新鲜山药切开时会有黏液，极易滑刀伤手，可以先用清水加少许醋清洗，这样可减少黏液。

胡萝卜鱼干粥

材料

胡萝卜30克，小鱼干适量，白粥1碗

做法

①胡萝卜洗干净，去掉皮，切末；小鱼干泡水洗干净，沥干备用。

②将胡萝卜、小鱼干分别煮软、捞出、沥干；在锅中倒入白粥，加入小鱼干搅匀，最后加入胡萝卜末煮开即可。

【营养解析】小鱼干中钙、铁的含量非常丰富，对宝宝的骨骼及牙齿的健康发育有促进作用，搭配胡萝卜熬成的粥，更有保护眼睛、预防近视的功效。

解答妈妈最关心的问题：

【食材安全选购】小鱼干要选择整尾完整的。另外，用手去抓小鱼干，如果会黏手，表示鱼干可能已经受潮，味道也会比较差。

【更多配餐方案】觉得小鱼干不方便宝宝吞咽的妈妈们，可以把小鱼干换成虾米。

温馨提示： 小鱼干也可以先剁碎再煮，以方便宝宝吞咽。

芝士鲜鱼粥

材料

大米15克，鲜鱼20克，豌豆10粒，芝士半片，高汤90毫升

做法

①大米磨碎；鲜鱼处理干净，蒸熟后去刺，剁碎。

②豌豆洗净，煮熟后去皮磨碎；芝士片切条。

③锅中放入大米和高汤熬成米粥，再放入鱼肉、豌豆和芝士条略煮即可。

解答妈妈最关心的问题：

【食材安全选购】 新米含水量较高，吃上一口感觉很松软，齿间留香；陈米则含水量较低，吃上一口感觉较硬。

【更多配餐方案】 芝士鲜鱼粥中的豌豆也可以用西蓝花或油菜代替。

【营养解析】 鱼肉含有人体所需的氨基酸和脂肪酸，味道鲜美，容易消化，营养价值高，有健脾开胃的功效。

温馨提示： 尽量选择鱼刺较少的鲜鱼，如黄花鱼、鲈鱼，将鱼蒸熟后剔除鱼头、鱼骨、鱼刺，以免鱼刺卡住宝宝的喉咙。

牛肉汤饭

材料

白米饭40克，牛肉、虾仁、小白菜各10克，高汤50
毫升

做法

①牛肉洗净，剁成碎末；虾仁去肠泥，洗净后剁碎；
小白菜洗净，切碎。

②锅中放入白米饭和高汤煮开后，加入做法①中的所
有食材，煮至熟软即可。

解答妈妈最关心的问题：

【食材安全选购】选购牛肉
时，可以闻一下牛肉的气
味。新鲜的牛肉具有正常的肉
的气味，较次的牛肉有一股氨
味或酸味。

【更多配餐方案】牛肉汤饭中
的牛肉可以用猪肉、鸡胸肉来
代替。

【营养解析】牛肉含有丰富的优质蛋白质、碳水化合物、维生素及铁、锌、镁等营养素，可补脾胃，增强身
体免疫力。

温馨提示：牛肉的纤维组织较粗，结缔组织较多，应逆着纹路切，将长纤维切断。不能顺着纤维组
织切，否则牛肉不仅没法入味，还嚼不烂。

鸡肉鲜蔬汤饭

材料

白米饭2匙，鸡胸肉20克，胡萝卜、青椒各5克，高汤90毫升

做法

①将鸡胸肉、青椒、胡萝卜分别洗净后，切丁备用。

②锅中放入白米饭和高汤，煮开后，再放入鸡胸肉丁、青椒丁和胡萝卜丁，用小火煮至软烂即可。

【营养解析】青椒的营养价值高，富含维生素A、维生素C及胡萝卜素；青椒有一种特有的味道，可刺激唾液分泌，可以提升食欲、帮助消化，还能促进肠蠕动，防止便秘。

解答妈妈最关心的问题：

【食材安全选购】作为鲜食的青椒应以大小均匀，果皮坚实，肉厚质细而脆嫩新鲜，无虫咬、黑点和腐烂现象者为上品。

【更多配餐方案】有些宝宝不喜欢青椒的味道，妈妈可以把青椒换成黄瓜。

温馨提示：给宝宝做饭时，不要选用有辣味的辣椒，可以选彩椒。

肉末软饭

材料

肉末(鸡肉或小里脊肉)20克，熟米饭1碗，油菜叶末、食用油各适量

做法

①炒锅内放入食用油，油热后放入肉末煸炒至熟。

②加入适量的米饭炒匀，再加入油菜叶末翻炒数分钟即可。

【营养解析】米饭是宝宝热量的重要来源，米饭中的淀粉最终转化为葡萄糖，可为宝宝生长发育和日常活动提供能量；小里脊肉中含有钙、铁、锌等营养素；油菜中含有植物粗纤维和维生素C、B族维生素等营养素。

解答妈妈最关心的问题：

【食材安全选购】优质的里脊肉色泽红润，肉质透明，质地紧密，富有弹性，并有一种特殊的猪肉鲜味。

【更多配餐方案】肉末软饭中的油菜可以用菠菜、小白菜等蔬菜代替。

温馨提示：炒米饭时，可加适量清水，以避免米饭炒得过干或过硬。

四、1~1.5岁：牙齿初成期的软烂型食物

1~1.5岁的宝宝已经初步适应了一些食物。这个阶段的宝宝可开始吃稠粥、软饭、面条、菜末等品种丰富的食物，要特别注意固体食物的软硬度，不易咀嚼和消化吸收的食物不适宜给宝宝吃。可增加蛋、肉、鱼、豆制品、蔬菜等食物的种类和数量。

以软烂为主，食物选择多样化

这个时期的宝宝逐渐长出更多的牙齿，咀嚼和消化的能力也更强，能够地吞咽食物。此时，宝宝每日所需热能和营养物质的量大大增加，宝宝的辅食量也需相应增加，食物的可选择范围也大幅度扩大，但是宝宝的胃肠功能发育尚未完善，所以饮食还是以软、烂为主，食物力求细碎、精巧。妈妈可以为宝宝选择一些高蛋白、高热能的食物，如肉类、蛋类、奶类及豆制品。此外，应在原辅食的基础上，逐渐增添新品种，逐渐由半流质饮食（如粥）改为固体食物（如软米饭），首选质地软、易消化的食物。

1~1.5岁宝宝可添加的食物

1~1.5岁的宝宝生长发育速度虽较周岁前有所减慢，但仍然属于快速生长阶段，对营养物质的需求仍比较旺盛。主食可以是稠粥、烂饭、面条、馄饨、包子等，副食可包括鱼、瘦肉、肝类、蛋类、虾皮、豆制品及各种蔬菜等。但要注意，不能让宝宝只食用单一种类的食品，如谷类食品，也不能让宝宝与成人同饭菜。

—— 表2-4 1~1.5岁宝宝辅食过渡期食物表 ——

食物清单	辅食过渡期（12~18个月）	注意事项
果泥、果汁	○	如果有过敏症状，番茄和草莓不宜添加
蔬菜泥、蔬菜汁	○	
蛋黄	○	
鸡蛋（包括蛋白）	○	
河鱼、河虾	○	如果有过敏症状，不宜添加
海鱼、海虾	○	如果有过敏症状，不宜添加
禽肉（鸡、鸭肉等）	○	最好选用瘦的鸡鸭肉
畜肉（猪、牛肉等）	○	猪肉要去油，只添加瘦肉
其他海鲜（如贝类、鱿鱼等）	○	如果有过敏症状，不宜添加

注：上表中"○"表示可以选用。

辅食添加应注意

● 食物依然要细、软、烂。宝宝 1 岁多时，乳牙还没长齐，因此咀嚼能力还比较弱，消化道的消化功能也较差，虽然可以咀嚼成形的固体食物，但是依旧要吃些细、软、烂的食物。根据宝宝咀嚼固体食物的情况，为宝宝安排每日的饮食，此时宝宝可从规律的一日三餐中获取均衡的营养。因此，牛奶或配方奶的量可以逐渐减少，每日 300~400 毫升即可。

● 每天可安排 4~5 次进餐。1 岁的宝宝正处于胃液分泌、胃肠道和肝脏功能等的形成时期，胃容量从婴儿期的 200 毫升增至 300 毫升左右，但每次进食量仍有限。为保证营养的供应，1~1.5 岁的宝宝每日可安排进食 4~5 次，最多不超过 6 次，每昼夜食量 1000~1100 毫升，每餐间隔 4 小时。除三餐外，应在上午 10 点左右和下午 3~4 点加点心一次。宝宝进餐时应有固定场所、桌椅和专用餐具。

● 注意营养搭配。宝宝1岁以后，总体的营养需求量要高于婴儿期。因此，辅食应有主食、有菜肴，主食与菜肴分盘摆放、分别食用，不再把饭和菜混合在一个碗里吃，这样既可以锻炼宝宝的咀嚼能力，又有利于宝宝对食物中营养元素的吸收。辅食应重视荤素搭配，从小培养宝宝适量吃蔬菜的好习惯；还要注意粗粮、细粮、豆菌类、薯类的合理搭配。

● 烹调方式影响宝宝的口味。从此时开始，宝宝要逐渐培养起个人的饮食习惯，以便适应日后的成人饮食，因此家长不要过多干涉宝宝的饮食，而是要保护宝宝先天的食物选择能力。给宝宝做菜时，蔬菜要先洗后切，切得细一些；炒菜时尽量做到热锅凉油，避免烹调时油温过高，产生致癌物质；尽量多用清蒸、焖煮和煲炖等方法，少用煎、烤等方法；口味要清淡，不宜添加酸、辣、麻等刺激性的调味品，也不宜放味精、色素和糖精等。烧烤、火锅、腌渍品等刺激性食物，不要给宝宝喂食，最好选择蔬菜、鱼肉和低盐、少油的清淡饮食。在色、香、味、形方面都要有新意，充分调动宝宝的好奇心，促进食欲，提高进食乐趣，让他们感受到吃饭是一种乐趣，是一种美的享受。

● 注意观察宝宝的成长状况。如果辅食添加不合理，很容易造成宝宝营养不良，通常表现为食欲欠佳、抵抗力弱、运动发育落后、骨骼畸形等。因此，在宝宝成长过程中要注意观察。如果宝宝虽出现消瘦，但体重呈持续增加状态，饮食量虽减少，但大便依然规律，精力旺盛，无皮肤苍白、头发稀少而黄、骨骼畸形等情况，都说明宝宝处于正常的发育状态。

● 勿强迫宝宝进食。1周岁后，可以像大人一样一日三餐都吃饭的宝宝增多起来，一般都是早餐吃面包或面条，午饭、晚饭吃米饭。有的宝宝一顿能吃1碗半饭，但毕竟进食量那么大的宝宝不多，如果吃那么多的饭，鸡蛋、鱼、肉等副食就吃不下去了。因此从营养学角度来看，我们并不推荐这样。这个时期的宝宝大多数只能吃儿童碗的一半或1/3左右的米饭。如果强迫不想吃饭的宝宝吃饭，宝宝容易产生逆反心理，并逃离饭桌。

🍲 宝宝，来吃辅食吧！

很多宝宝满周岁后，三天两头生病。可刚满周岁的敏敏却很少生病，身体抵抗力一直很好，这与辅食的合理添加有很大关系。敏敏的妈妈在她半岁时就开始喂她辅食，一直坚持给宝宝吃可提高免疫力的食物，如豆类、鸡胸肉、胡萝卜、番茄、鸡蛋等。我们一起来看看敏敏妈妈是如何制作健康辅食餐的吧。

豌豆粥

材料

大米40克，豌豆15克，鸡蛋1个

做法

①将大米、豌豆洗净后浸泡30分钟，加水大火煮沸后，转小火慢煮至熟烂。

②把鸡蛋打散成蛋液，慢慢倒入锅中，搅匀，稍煮片刻即可。

【营养解析】豌豆中含有优质蛋白质和粗纤维，优质蛋白质可以提高宝宝的抗病能力和康复能力；粗纤维能促进大肠蠕动，保持大便通畅，起到清洁大肠的作用。

解答妈妈最关心的问题：

【食材安全选购】豌豆应挑选新鲜程度高、饱满者，荚果扁圆形表示豌豆成熟度正佳。荚果正圆形或筋（背线）凹陷表示豌豆已经过老。

【更多配餐方案】豌豆也可以换成西蓝花，或者在豌豆粥中加些许芝士末。

温馨提示：生的青豌豆可以不用洗直接放冰箱冷藏；如果是剥出来的豌豆则适合冷冻，但最好在1个月内吃完。

桂圆糯米粥

材料
糯米30克，去核桂圆肉10颗

做法
①将糯米与去核桂圆肉放入水中，加盖泡2个小时。
②将浸泡好的材料放入锅中，加入水以大火烧滚后，改小火加盖煮40分钟即可。

【营养解析】糯米含有钙、磷、铁、维生素B_1、维生素B_2、烟酸及淀粉等，营养丰富，为温补强壮食品。桂圆糯米粥具有健脾养胃之功效。

解答妈妈**最**关心的问题：

【**食材安全选购**】选购糯米时，应挑乳白或蜡白色、不透明，形状为长椭圆形，较细长，硬度较小的。

【**更多配餐方案**】如果担心糯米对宝宝来说不容易消化，妈妈可以把糯米换成大米。

温馨提示：糯米宜加热后食用，冷糯米食品很硬，不但口感不好，也不易消化。

牛奶藕粉

材料

藕粉1匙，水适量，牛奶1匙，青菜末少量

做法

①把藕粉和水、牛奶一起放入锅内，用微火熬煮，注意不要粘锅，边熬边搅拌，直至呈透明糊状为止，再加入少量青菜末点缀即可。

②还可以将藕粉做成宝宝喜欢的可爱形状。

【营养解析】牛奶中含有的磷，对促进宝宝大脑发育有着重要的作用。牛奶中含有维生素B_2，有助于宝宝视力的提高。藕富含铁、钙等元素，维生素以及淀粉含量也很丰富，可增强宝宝免疫力。

解答妈妈最关心的问题：

【食材安全选购】纯藕粉富含铁质和还原糖等成分，与空气接触后极易因氧化而使藕粉的颜色由白转微红。藕粉具有独特的清香气味，其他淀粉则没有清香气；用手指揉擦，其质地比其他淀粉都要细腻，且滑爽如脂。

【更多配餐方案】妈妈可以在牛奶藕粉中加入玉米茸，使其口感更醇厚。

温馨提示：藕粉保存时间长了，颜色会由微红变为红褐色，这不是变质现象，不妨碍食用。

芝士糯米白粥

材料

糯米粥5匙，白米粥5匙，芝士半片，黄豆芽10克

做法

①豆芽洗净，烫熟后切小段。

②锅中放入糯米粥和白米粥加热后，放入黄豆芽和芝士，边煮边搅拌，等芝士融化后即可。

【**营养解析**】糯米含有蛋白质、脂肪、糖类、钙、磷、铁、B族维生素及淀粉，具有健脾养胃、补血养血的功效。

解答妈妈最关心的问题：

【**食材安全选购**】购买黄豆芽时，以选择茎白、根小，芽身挺直，芽脚不软，无烂根、烂尖现象的为佳。

【**更多配餐方案**】糯米粥也可以换成玉米片粥，给宝宝更丰富的味觉感受。

温馨提示：糯米粘性较强，一次不能食用太多。

奶酪蘑菇粥

材料

大米粥1碗，蘑菇30克，肉末、菠菜各20克，胡萝卜粒少许，儿童奶酪1片，盐适量

做法

①菠菜洗净，入沸水中焯一下，取出切末。

②蘑菇洗净切片，与肉末、胡萝卜粒放入5分稠的大米粥中煮熟、煮软。

③奶酪切丝，与菠菜一起放入粥中煮开，下盐调味即可。

【营养解析】蘑菇中含有大量无机质、维生素、蛋白质、氨基酸等丰富的营养成分。菠菜富含类胡萝卜素、维生素C、维生素K、矿物质等，能提高宝宝的免疫力。

解答妈妈最关心的问题：

【食材安全选购】蘑菇并非越大越好，某些长得特别大的蘑菇有可能是被激素催大的，经常食用会对宝宝的身体健康造成不良影响。小的或中等偏小的蘑菇口感更鲜嫩，太大的蘑菇极可能因纤维化而使口感偏硬。

【更多配餐方案】奶酪蘑菇粥中的肉末用猪肉、牛肉和鸡胸肉都可以。

温馨提示：菠菜中含有较多的草酸，这种物质能与人体中的钙直接作用，形成草酸钙沉淀，阻碍钙质的吸收。因此，在煮粥前应先将菠菜焯水，此过程能去掉菠菜中80%以上的草酸。

青豆鸡蛋猪肉粥

材料

猪肉100克，青豆10粒，大米半杯，鸡蛋黄半个

做法

①将蛋黄压成蓉状备用。

②将青豆洗干净备用，大米洗干净浸泡半小时。

③将猪肉洗干净，一半切成片，一半切碎，备用。

④将大米及猪肉片放入炖盅，注入1碗热水，隔水炖2小时，粥煮成前30分钟下猪肉碎、青豆；出锅前10分钟前加蛋黄蓉即可。

【营养解析】鸡蛋富含蛋白质、脂肪、卵黄素、卵磷脂、维生素和铁、钙、钾等人体所需要的矿物质，再和肉类蛋白质、豆类蛋白质等营养物质搭配，能令骨骼强壮，是补充宝宝体力和增强体质的最佳食物。

解答妈妈最关心的问题：

【食材安全选购】优质的青豆，豆荚较脆硬，每个豆荚有2～3粒豆子。选购青豆时，以荚形阔大、荚毛较白者为佳，豆仁越是饱满、挺实的越好。

【更多配餐方案】青豆鸡蛋猪肉粥中的鸡蛋黄也可以换成芝士末，口感更加香浓。

温馨提示： 此粥不宜用旺火猛煮。一是因为肉块遇到急剧的高热，肌纤维会变硬，肉块就不易煮烂；二是肉中的芳香物质会随猛火煮时的水汽蒸发掉，使香味减少。

鲜虾牛蒡粥

材料

牛蒡20克，虾仁5只，白米粥5匙

做法

①取牛蒡用清水洗净，去皮切丝，氽烫后切末。

②虾仁洗净去肠泥，氽烫后捣碎。

③锅中放入白米粥加热后，再加入牛蒡、虾仁拌匀，煮熟即可。

【营养解析】牛蒡含纤维素、蛋白质、钙、磷、铁等人体所需的多种维生素及矿物质，其中胡萝卜素的含量比胡萝卜要高，蛋白质和钙的含量也非常丰富，可增强人体免疫力。

解答妈妈最关心的问题：

【食材安全选购】选择牛蒡，要挑那些表面光滑、形态顺直，没有权根、没有虫痕的。手握牛蒡较粗的一端，如果牛蒡会自然垂下，呈现出弯曲的弧度，表示十分新鲜细嫩，吃起来口感较佳。

【更多配餐方案】如果宝宝对虾过敏，妈妈可以把虾换成牛肉或者猪肉。

温馨提示：牛蒡含有大量的铁质，只要暴露在空气中就会氧化成黑褐色。为了避免变色，切好的牛蒡要立刻放入清水中浸泡。

鳕鱼炖饭

材料

鳕鱼25克，米饭半碗，牛奶、海苔、黑芝麻各适量

做法

①海苔剪成小片，鳕鱼切小丁。

②先将鳕鱼炒熟，放入牛奶、米饭，用小火炖煮，最后撒上海苔片、黑芝麻即可。

【营养解析】鳕鱼肉味甘美、营养丰富。其蛋白质的含量很高，除了富含普通鱼油所含有的DHA、DPA外，还含有人体所必需的维生素A、维生素D、维生素E和其他多种维生素。

解答妈妈最关心的问题：

【食材安全选购】选购鳕鱼时，要注意不要买到油鱼。鳕鱼和油鱼的区分可从以下几点入手：横切面大的是鳕鱼，横切面小的则可能是油鱼。鳕鱼的肉相比油鱼更为洁白；鳕鱼的鳞片非常锋利，而油鱼的鳞片则无此特征；鳕鱼的鱼段皮发白或灰白，色淡，肉质细腻。

【更多配餐方案】若宝宝对海产品过敏，妈妈可以把鳕鱼换成淡水鱼。

温馨提示：处理鳕鱼时，一定要将鱼刺彻底清除干净，一般靠近鳍的地方鱼刺比较多。

鸡肝面条

材料

宝宝营养面50克，鸡肝、小白菜各25克，鸡蛋1个，肉汤、盐、香油各适量

做法

①将鸡肝煮熟剁成细末，小白菜洗净切成细末备用。

②将肉汤煮开，放入营养面煮开后，加入适量盐再煮一会儿。

③营养面快熟时，往锅内放入鸡肝末、小白菜末稍煮片刻；鸡蛋打入碗中搅匀备用。

④营养面煮熟时，锅内浇入鸡蛋液即可出锅，滴上一点香油即可食用。

【营养解析】肉汤、鸡蛋中都含有丰富的蛋白质，鸡肝中含有铁元素，小白菜维生素含量丰富，这样一碗简简单单的面条却包含了宝宝身体需要的各种营养成分。

解答妈妈最关心的问题：

【食材安全选购】选购鸡肝时首先要闻气味，新鲜的鸡肝有扑鼻的肉香，变质的会有腥臭等异味；健康的熟鸡肝呈淡红色、土黄色或灰色。

【更多配餐方案】有些宝宝不爱吃鸡肝，妈妈们也可以把鸡肝换成猪肝。

温馨提示：鸡肝煮熟后较猪肝软，也可用猪肝代替。用不完的鸡肝可以用保鲜盒装好，放入冰箱冷冻室速冻，留待下一次使用。

丝瓜虾皮瘦肉汤

材料

丝瓜60克，瘦肉30克，虾皮15克，盐、食用油各适量

做法

①丝瓜去掉皮，洗干净，切成片；瘦肉洗净，切丝。

②将炒锅加热，倒入食用油，待油热后加入丝瓜煸炒片刻，加盐加水煮开。

③加入虾皮、瘦肉，小火煮两分钟左右，盛入碗内即成。

【营养解析】丝瓜独有的干扰素诱生剂，可刺激肌体产生干扰素，起到抗病毒的作用。虾皮配以丝瓜煮汤，不仅汤鲜味美，清凉消暑，还能补充宝宝夏季流失的大量水分。

解答妈妈最关心的问题：

【食材安全选购】不要选择瓜形不周正、有突起的丝瓜。应以身长柔软的丝瓜为上，头小尾大，瓜身硬挺，弯曲者必是过于成熟，质地变粗硬的食味不佳。

【更多配餐方案】虾皮可以用肉末或鸡蛋来代替，丝瓜蛋花汤的味道也非常鲜美，营养丰富。

温馨提示：丝瓜汁水丰富，宜现切现做，以免营养成分随汁水流走。

青菜猪肝肉汤

材料

猪肝30克，胡萝卜、番茄各20克，青菜2棵，盐微量，肉汤适量

做法

①将猪肝洗干净去膜，用清水浸泡1小时后切成小粒；胡萝卜洗净去皮擦丝，番茄洗净去外皮切成丁，青菜择洗干净切碎。

②肉汤入锅，烧开后放入猪肝、胡萝卜煮熟，加番茄和青菜再煮5分钟，撒盐调味即可。

解答妈妈最关心的问题：

【食材安全选购】购买猪肝时应挑选质地软且嫩，手指稍用力，可插入切开处，做熟后味鲜、柔嫩者。

【更多配餐方案】青菜猪肝汤中的青菜的选择范围十分广，油菜、小白菜、圆白菜都是不错的选择。

【营养解析】猪肝含有丰富的蛋白质以及铁、磷等元素，妈妈们爱给宝宝吃猪肝，主要就是因为它可以帮助造血，促进宝宝身体发育。青菜为含维生素和矿物质较丰富的蔬菜之一，有助于宝宝增强机体免疫能力。

温馨提示： 给宝宝喂食猪肝要适量。每100克猪肝中含维生素A约8700国际单位，成人每天的需要量仅为2200国际单位，宝宝每天的需要量就更少了。

萝卜菠菜黄豆汤

材料

白萝卜150克，菠菜100克，黄豆40克，盐少许

做法

①菠菜拣去枯叶，洗干净；白萝卜洗干净去皮，切小丁；黄豆浸泡30分钟发胀。

②在锅中加入水和发胀的黄豆，大火烧开，再用小火焖煮。

③放入白萝卜丁，煮至酥烂后放入切碎的菠菜，烧开，加入少许盐即可。

解答妈妈最关心的问题：

【食材安全选购】白萝卜应选择个体大小均匀、根形圆整、无黄烂叶、表皮光滑、皮色正常的。菠菜宜选择叶子较厚，伸展好，且叶面宽，叶柄短的。

【更多配餐方案】萝卜菠菜黄豆汤中的萝卜和菠菜可以换成胡萝卜和圆白菜，让食物看起来色彩更鲜艳，宝宝也更有食欲。

【营养解析】白萝卜含有芥子油、淀粉酶和粗纤维，具有促进消化、增强食欲的作用；菠菜富含类胡萝卜素、维生素C、维生素K、矿物质等多种营养素；黄豆纤维丰富。三味合一，即成具有润肠通便、清除燥热功效的佳饮靓汤，是祛燥润肺的保健营养汤水。

温馨提示： 在做菠菜等草酸含量较高的蔬菜前，先将蔬菜焯水，将绝大部分草酸去除，然后再烹饪，就可以放心食用了。

蔬香排骨汤

材料

猪小排200克，冬瓜100克，香菇、平菇、小青菜心、玉米粒各50克，番茄30克，葱6克，姜1片，盐微量

做法

①猪小排洗干净后斩成小块，入沸水中焯去血水；冬瓜去皮，洗净，切小块；香菇、平菇、小青菜心、玉米粒择洗干净；番茄去外皮，切小块备用；葱洗净，分别切段、少许葱花。

②炖锅中加清水，放入葱段、姜片，烧沸后再加入排骨，改小火炖60分钟，放做法①中的蔬菜炖15分钟。食用时，捞出姜块、葱段，加盐、葱花调味即可。

【营养解析】猪排骨中有大量的优质蛋白质和脂肪，可以为宝宝生长发育提供必需的营养元素。而且还可以通过啃骨头，来锻炼宝宝的动手能力、协调能力，有利于牙齿的萌出。香菇、平菇含有丰富的维生素、矿物质，可改善新陈代谢、增强免疫力，而且对智力发育很有好处。

解答妈妈最关心的问题：

【食材安全选购】一般晚采的老冬瓜要求：发育充分，老熟，肉质结实，肉厚，心室小；皮色青绿，带白霜，形状端正，表皮无斑点和外伤，皮不软、不腐烂。

【更多配餐方案】蔬香排骨汤中有较多的菌类，若宝宝不太适应菌类食物，妈妈可以把菌类去除掉。担心排骨太过油腻的，可以把排骨替换成猪瘦肉。

温馨提示：排骨的选料上，要选肥瘦相间的排骨，不能选全部是瘦肉的，否则肉中会没什么油分。

海带烧豆腐

材料

水发海带丝100克，北豆腐1块，熟豌豆30克，香油、盐少许，高汤适量

做法

①取少许高汤煮沸，加入水发海带丝。

②将北豆腐切成小块，和豌豆一起放入高汤锅中，上盖小火焖5分钟，滴入香油，加少许盐即可起锅。

【营养解析】海带含碘量很高，同时含有钙、铁、锌等矿物质及海带胶，所含热量很低；北豆腐含优质植物蛋白、钙、铁、锌、镁。

解答妈妈最关心的问题：

【食材安全选购】购买海带时，应挑选质厚实、形状宽长、色浓、黑褐或深绿、边缘无碎裂或黄化现象的优质海带。

【更多配餐方案】海带烧豆腐中的熟豌豆可以换成熟黄豆，不仅味道更加香浓，营养也更丰富。

温馨提示：食用海带前，应当先洗净，再浸泡，然后将浸泡的水和海带一起下锅煮汤食用。这样可避免溶于水中的甘露醇和某些维生素的丢失，从而保存了海带中的营养成分。

虾泥西蓝花

材料

西蓝花30克，新鲜大虾2只，盐适量

做法

①西蓝花洗干净后放入开水中煮软，捞出，沥去水分，切碎。

②大虾挑去虾肠，清洗干净后放入开水中煮熟，捞出，剥去虾壳，虾仁切碎。

③将碎虾仁放入小煮锅中，加入盐和少许水，大火煮5分钟成虾汁。

④将煮好的虾汁和虾泥，淋到西蓝花上即可。

【营养解析】西蓝花中的营养成分十分全面，主要有蛋白质、碳水化合物、脂肪、矿物质、维生素C和胡萝卜素等；大虾是一种蛋白质非常丰富、营养价值很高的食物，其中维生素A、胡萝卜素和无机盐含量比较高，而脂肪含量低，且多为不饱和脂肪酸。

解答妈妈最关心的问题：

【食材安全选购】新鲜的虾有正常的腥味，如果有异味，则说明虾已变质。新鲜的虾头尾完整，虾身较挺，有一定的弹性和弯曲度。选购时，应注意选择新鲜的虾。

【更多配餐方案】有些宝宝可能会不爱吃西蓝花，妈妈也可以把西蓝花换成花菜。

温馨提示：食用虾仁的同时，严禁服用大量维生素C。

三鲜蛋羹

材料

鸡蛋1个，蘑菇1朵，精肉20克，虾仁5~6只，食用油适量，盐少许

做法

①将蘑菇洗干净切成丁，虾仁切成丁，精肉洗干净切成丁。

②起油锅，放蘑菇、虾仁、精肉，加盐，炒熟。

③将鸡蛋打入碗中，加少许盐和清水调匀，放入锅中蒸热。

④将炒好的三丁倒入蒸热的鸡蛋内搅匀，再继续蒸5~8分钟即可。

【营养解析】蘑菇是一种高蛋白、低脂肪的健康食物，富含人体必需的氨基酸、矿物质、维生素和多糖等多种营养成分，和鸡蛋、精肉一起烹饪，营养丰富，具备足量的铁、钙和蛋白质，能够增强宝宝体能，促进生长发育。

解答妈妈最关心的问题：

【食材安全选购】挑选蘑菇时，以菇柄短而肥大、菇伞边缘密合于菇柄、菇体发育良好者为佳。由于清洗时，水分易由菇柄切口处浸入菇体而影响品质，故最好购买未经清洗的。

【更多配餐方案】三鲜中的虾仁可以用鱼肉来代替，味道同样鲜美，也容易消化。

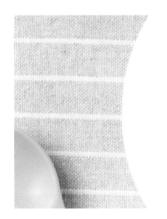
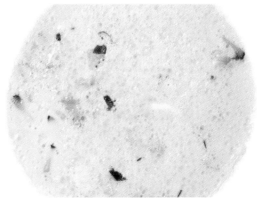

温馨提示： 蘑菇为易过敏食物，因此，对蘑菇过敏的宝宝要忌食。

蒸豆腐丸子

材料

豆腐50克，生蛋黄1个，葱末、盐各少许

做法

①豆腐洗净，压成豆腐泥；将生蛋黄打到碗里搅拌均匀。

②豆腐泥加入蛋黄液、葱末、盐拌匀，揉成豆腐丸子，放入蒸锅中，蒸熟即可。

【营养解析】豆腐营养丰富，含有铁、钙、磷、镁和其他人体必需的多种元素，还含有丰富的优质蛋白，两小块豆腐可满足一个人一天的钙的需要量；蛋黄富含卵磷脂，可以促进智力发育，并提高记忆力。

解答妈妈最关心的问题：

【食材安全选购】1岁以上的宝宝已经可以吃少量的盐了，可以选择低钠食盐，这样能减轻宝宝的肾脏负担。

【更多配餐方案】可以在蒸豆腐丸子中加少许肉末，能让丸子的味道更加鲜美。

温馨提示：豆腐每次不宜食用过多，且不宜天天吃，一天最多不要超过400克。

红薯板栗饭

材料

白米饭40克，红薯15克，胡萝卜10克，板栗适量，黑芝麻半匙，食用油适量

做法

①红薯和胡萝卜洗净去皮，切丁；煮熟的板栗去壳切丁。

②锅中放少许油烧热，放入红薯、胡萝卜、板栗炒熟后，加入白米饭和水煮开，撒上黑芝麻拌匀即可。

【营养解析】红薯含有大量膳食纤维及钾等元素，有助于宝宝智力的提升。

解答妈妈最关心的问题：

【食材安全选购】红薯应选择纺锤形、表面光滑、没有霉味的，不要购买表皮呈黑色或有褐色斑点的红薯。

【更多配餐方案】红薯板栗饭中的红薯可以换成土豆或是紫薯，多变的口感，可让宝宝的味觉感受更丰富多样。

温馨提示：红薯糖分多，不宜多食，多食容易导致宝宝消化不良，引起腹痛。

五、1.5~2岁：牙齿成熟期的混合型食物

这个年龄段的宝宝能吃的食物范围更加广泛了。膳食逐渐以混合食物为主，根据宝宝的生理特点和营养需求，可以给宝宝少食多餐，在三餐的基础上适量增加零食，但要少而精，避免高热量、高糖的食物。肉类、鱼类、豆类中含有大量优质蛋白，可多给宝宝提供。

❁ 合理膳食结构，呵护宝宝脾胃

这个时期，宝宝的舌头已经能够上下、左右、前后灵活运动了。牙齿也坚固了很多，宝宝会运用上下切牙把较硬的食物咬下来。爸爸妈妈若稍微观察一下就可发现，这个时期宝宝咀嚼食物的动作已经比较标准了。此时的宝宝已经能轻松地吃东西了，辅食也逐渐转向以混合食物为主。不过宝宝的消化能力还不是很强，因此妈妈还不能完全给宝宝吃大人的食物，要根据宝宝的营养需求，制作可口的食物，保证宝宝营养均衡哦！

1.5~2岁宝宝可添加的食物

此阶段的宝宝已经可以食用大部分的食物了，基本上可以和大人一起进餐吃饭。除主食中粮食类食物的摄取量较成人低，其他各种食物均可选用，但刺激性的食物尽量不要食用。同时，注意膳食平衡、食物品种多样、荤素搭配、粗细粮交替。烹调注意色香味美，以增进宝宝的食欲。

表2-5 1.5~2岁宝宝的食物添加注意事项

类别	说明
刺激性太强的食品	酒、咖啡、浓茶、可乐等饮品不应给宝宝饮用,以免影响宝宝神经系统的正常发育;汽水饮料宝宝喝多了,易造成食欲不振;辣椒、胡椒、大葱、大蒜、生姜、酸菜等食物,极易损害宝宝娇嫩的口腔、食道和胃黏膜,也不应食用
含脂肪和糖太多的食品	巧克力、麦乳精都是含热量很高的精制食品,长期多吃易致肥胖
不易消化的食品	章鱼、墨鱼、竹笋之类均不易消化,不应给宝宝食用
太咸、太腻的食品	咸菜、含铁酱油煮的小虾、肥肉、煎炒、油炸食品,宝宝食后极易引起呕吐,消化不良,不宜食用
小粒食品	花生米、黄豆、核桃仁、瓜子极易误吸入气管,应研磨后给宝宝食用
带壳、有渣食品	鱼刺、虾的硬皮、排骨的骨渣均可卡在喉头或误入气管,必须认真检查后方可给宝宝食用
未经卫生部门检查的自制食品	糖葫芦、棉花糖、花生糖、爆米花,因制作过程不卫生,宝宝食后可造成消化道感染,也可能因内含过量铅等物质,对宝宝健康有害
易产气胀肚的食物	洋葱、生萝卜、白薯、豆类等,只宜少量食用

辅食添加应注意

● 迎合宝宝的口味。宝宝的偏食并不会因为月龄的增加而有所改善,甚至可能会越来越偏食,但妈妈们也不要因此硬逼着宝宝吃他不喜欢吃的食物,宝宝越大,自主意识会越强,妈妈能做的就是想办法烹调出宝宝喜欢吃的菜肴。这顿不吃某一道菜没关系,过几天再做,把味道改一改,宝宝可能就喜欢吃了。

● 注意营养比例。妈妈在制作宝宝的辅食时，一定要注意营养比例的协调，宝宝每日的营养摄入应包括蛋白质、脂类、碳水化合物、维生素、微量元素等营养物质，因此膳食搭配比例要平衡，以免宝宝因偏食造成营养不良。

● 降低餐桌高度。最好降低家庭餐桌的高度，让宝宝坐在小凳子上就能够吃饭，如果坐得"高高在上"，有些宝宝会因为远离地面而没有安全感。

● 给宝宝额外添加点心要适量。有的宝宝比较贪吃，日常三餐的饭菜都吃得很多，小肚子鼓得圆圆的，但过了一会儿就又跑来向妈妈要点心吃。爱子心切的妈妈总是无条件地满足宝宝的愿望，但是吃过点心的宝宝在吃下一顿正餐的时候，就会开始挑剔食物，甚至稍微吃上几口就放下碗筷，不肯吃饭了。如果出现这种状况，妈妈在宝宝跑来讨要点心的时候，可以用水果、牛奶、乳制品代替，没必要让宝宝一次吃饱。而像巧克力、板栗等热量高、又容易有饱腹感的食物，就不要作为小点心给宝宝吃了，以免宝宝不肯认真吃主食。

● 食物烹制一定要适合宝宝的年龄特点。宝宝刚刚结束断乳期时，消化能力还比较弱，饭菜要做得细、软、碎。随着年龄的增长，宝宝的咀嚼能力增强了，饭菜加工逐渐趋向粗、硬、整。为了促进宝宝的食欲，烹饪时要注意食物的色、味、形，提高宝宝的就餐兴趣。掌握好各种食物的加工方法，会更利于宝宝对营养物质的吸收和利用，家长可以根据宝宝的饮食特点，选择下面的方法。

蒸：把食物放在蒸笼中，利用水蒸气将食物蒸熟。这种做法可以保持菜品的原有风味，最大限度地减少营养成分的流失，并可保持菜品的原有形态。

熘：做熘菜的食物多为片、丁、丝状，如豆腐丸子、土豆丸子。做熘菜时，首先要将挂糊或上浆的原料用中等油温炸过或用水烫熟，再把芡汁调料等放入旺火加热的锅内，倒入炸好的原料，快速颠翻出锅，保持菜品的香脆、鲜嫩。

烧：分为红烧、焖烧等，做法是把食物用小火煮透，使原汁和香味突出。

炖：在做菜时，汤、料一次性加好，在做菜的过程中不再加汤，使菜品保持原汁、原味，做出的食物味道清香、软烂、爽口。

羹：在做汤的基础上发展而来，在汤中加入一定量的淀粉，使汤浓厚不流动，做出的食物软、鲜、嫩。

汆：做汤菜或是连汤带菜的菜品的一种做法，软烂适口。

需要提醒家长的是，不能因为宝宝的食量小，就凑合用水煮或蒸煮的方式做饭给宝宝吃，这样很容易导致宝宝厌食。吃对宝宝来说不仅仅是为了填饱肚子，宝宝也要品尝食物的美味，也要观赏食物的色泽。品尝美味佳肴不是成人的特权，色泽漂亮、味道鲜美的食物同样能引起宝宝的食欲。爸爸妈妈们不但要注意宝宝的食量，还要尊重宝宝对食物的品味。

● 爸爸妈妈的模范作用。宝宝有极强的模仿能力，爸爸妈妈是宝宝最亲近的人，所以宝宝更喜欢模仿爸爸妈妈的行为。宝宝喜欢学爸爸妈妈一样吃饭，爸爸妈妈们正确的饮食习惯，会给宝宝起到良好的模范作用。

❖ 宝宝，来吃辅食吧！

朋友家的宝宝茜茜人小鬼大，对食物的要求颇高，妈妈做的辅食如果不好看、不好吃，她就吃得很少。没办法，小家伙这一特殊"需求"，硬是把孕前一次厨房都没进过的妈妈生生"逼"成了烹饪高手和营养专家。接下来，我们就来看看茜茜妈妈为她制作的爱心营养配餐吧。

香葱拌豆腐

材料

豆腐100克，葱花30克，盐、鸡粉、芝麻油各适量

做法

①将豆腐横刀切开，切成条，再切成小块。

②将豆腐倒入碗中，注入适量热水，搅拌片刻，烫去豆腥味。

③将豆腐倒出，滤净水分，装入碗中，倒入葱花，加入盐、鸡粉、芝麻油，用筷子轻轻搅拌均匀即可。

【营养解析】豆腐含有铁、钙、磷、镁和其他人体必需的多种元素，还含有丰富的优质蛋白，素有"植物肉"之美称，其消化吸收率达95%以上，两小块豆腐，即可满足一个人一天的钙的需要量。

解答妈妈最关心的问题：

【食材安全选购】新鲜的葱根部饱满、须根多，呈乳白色；根部萎缩、须根萎焉的葱，一般是已经存放了较长的时间，不宜选购。葱叶颜色以青绿色为好，呈圆筒状为佳。

【更多配餐方案】有些宝宝不喜欢葱的味道，妈妈们可以把葱换成各种绿叶蔬菜，但是要焯熟切末后再搅拌均匀。

温馨提示：葱中含有不饱和脂肪酸、含硫化合物等成分，能刺激胃液分泌，有助于消化，还可以增进宝宝进食欲。

苦瓜粥

材料
苦瓜20克，大米50克

做法
①苦瓜洗净后切成小块；大米洗净，浸泡1小时。
②将大米加水煮沸，放入苦瓜，煮至米烂汤稠即可。

【营养解析】苦瓜中含有大量维生素C、蛋白质、苦瓜素等成分，能提高宝宝的免疫力，使宝宝的皮肤更加白皙润滑。

解答妈妈最关心的问题：

【食材安全选购】选购苦瓜时，宜挑选鲜嫩、表皮完整、无病虫害、有光泽、头厚尾尖的。

【更多配餐方案】苦瓜的苦味大人都不太喜欢，宝宝可能也会不喜欢。因此，妈妈可以把苦瓜换成鲜甜的丝瓜。

温馨提示：苦瓜性凉，多食易伤脾胃，所以脾胃虚弱的宝宝要少吃苦瓜。

鸡蛋瘦肉粥

材料

鸡蛋1个，猪肉、糯米各适量，葱花少许

做法

①将瘦肉洗净剁碎；糯米洗净。

②将糯米、猪肉一起放入锅中，打入鸡蛋，放适量水煮熟，撒上少许葱花即可。

【营养解析】鸡蛋中含有大量的维生素和矿物质及蛋白质。鸡蛋黄中的卵磷脂、甘油三酯、胆固醇和卵黄素，对宝宝神经系统和身体发育有很大的促进作用。瘦肉也是维生素B_1、维生素B_2、维生素B_{12}的良好来源。

解答妈妈最关心的问题：

【食材安全选购】鲜蛋的蛋壳上附着一层霜状粉末，蛋壳颜色鲜明、有明显气孔。用手轻轻摇动，没有声音的是鲜蛋，有水声的是陈蛋。将鸡蛋放入冷水中，下沉的是鲜蛋，上浮的是陈蛋。

【更多配餐方案】鸡蛋瘦肉粥除了用糯米来熬粥，也可以选用小米或者是大米。

温馨提示：鸡蛋必须煮熟吃，不要生吃，打蛋时也须提防沾染到蛋壳上的杂菌。

核桃粥

材料

大米50克，核桃仁20克

做法

①将核桃仁洗净捣碎；大米洗净，浸泡1小时。

②将核桃仁与大米一起加适量水煮粥即可。

【**营养解析**】核桃仁含有丰富的蛋白质、脂肪、矿物质和维生素，其中维生素B和维生素E含量丰富，可促进宝宝大脑的发育，增强记忆力。

解答妈妈最关心的问题：

【**食材安全选购**】挑选核桃时，应取核桃仁观察。选择果仁丰满、仁衣色泽黄白、仁肉白净新鲜的核桃为佳。

【**更多配餐方案**】妈妈们也可以把芝麻磨碎后与大米一起熬煮成粥。

温馨提示：核桃仁的食用要适量,不宜一次性给宝宝食用过多，否则可能会引起宝宝生痰、恶心等症状。

松子小米粥

材料

小米粥5匙，松子仁、银耳各10克，高汤90毫升

做法

①松子仁用烤箱烤一下，磨碎；银耳洗净后，用水泡开，切成小片。

②锅中放入小米粥和高汤煮开后，放入银耳与松子仁，熬煮一下即可。

【**营养解析**】松子仁中富含的不饱和脂肪酸是人体多种组织细胞的组成成分，也是脑髓和神经组织的主要成分，多吃松子有利于儿童的生长发育和病后身体恢复。

解答妈妈最关心的问题：

【**食材安全选购**】松子应选色泽光亮，壳色浅褐，壳硬且脆，内仁易脱出，粒大均匀，壳形饱满的。壳色发暗，形状不饱满，有霉变或干瘪现象的松子不宜选购。

【**更多配餐方案**】除了松子，妈妈也可以选择核桃、芝麻等不易出现食物过敏的坚果。

温馨提示： 一天松子的进食量最好控制在5~10克，不宜过量，否则容易导致体内脂肪增加。

鸡肉南瓜粥

材料

白米粥4匙，鸡胸肉、南瓜各20克，鸡高汤适量

做法

①鸡胸肉煮熟后，剁碎；南瓜去皮洗净、蒸熟后，剁碎。

②鸡高汤入锅和水、米粥一起煮开，再放入鸡胸肉碎末，以中火继续熬煮。

③待米粥浓稠后，加入南瓜碎末稍煮片刻即可。

【营养解析】南瓜富含的锌，是人体生长发育所需的重要物质；南瓜还含有果胶，能保护胃部，帮助消化。

解答妈妈最关心的问题：

【食材安全选购】高汤最好自己烹制，因为市售高汤中各种添加剂的含量较高，虽然味道更好，但是会对宝宝的肾脏造成负担。

【更多配餐方案】对于吃腻了各种白米粥的宝宝，妈妈们可以把鸡肉南瓜粥中的白米粥换成香甜可口的玉米粥。

温馨提示：南瓜适合蒸熟或煮熟后给宝宝吃，每次食用量建议约为100克。

蛋花鱼

材料

豆腐100克，鱼肉50克，鸡蛋1个，含铁酱油、食用油、姜丝、葱花各适量

做法

①先将鱼肉蒸熟后刮取鱼泥，用姜丝、含铁酱油和少许食用油拌匀。

②将鸡蛋去壳搅匀。

③用适量水把豆腐煮熟，然后加入调好的鱼泥用小火煨。待快熟时倒入蛋液，煮熟后撒上葱花即可。

【营养解析】鱼肉和豆腐中都含有丰富的蛋白质、钙、磷等元素，能够满足宝宝的身体发育需要，对宝宝的大脑发育也十分有益。

解答妈妈最关心的问题：

【食材安全选购】优质的鱼肉应该鱼体光滑、整洁，无病斑，无鱼鳞脱落；鱼眼略凸，眼球黑白分明，鳃色鲜红；鱼腹部没有变软、无破损。

【更多配餐方案】想要鱼泥更加爽口，可以在鱼泥中加一些青菜或是荸荠的碎末。

温馨提示： 刮取鱼泥时，要注意剔除小刺，以免宝宝食用时被鱼刺卡住。

解答妈妈最关心的问题：

【食材安全选购】优质虾仁有虾腥味，体软透明，弹性小。而水泡虾仁富有弹性，无虾腥味或有碱味，将虾肉顺肠线剥开，臭味就较为明显。

【更多配餐方案】饺子的馅有多种选择，除了可以用猪肉搭配虾仁，还可以将鱼肉与猪肉相搭配。

虾仁瘦肉饺

材料

猪里脊肉200克，虾仁100克，香菇、胡萝卜、小白菜叶(或油菜叶)各少许，食用油、盐、含铁酱油各适量

做法

①将里脊肉、虾仁分别剁碎后放入盆中，将烧开的食用油浇入，放入含铁酱油、少许水，搅拌均匀后待用。

②将香菇洗干净切成片，用开水焯过后切碎；再将胡萝卜去皮洗净、小白菜叶洗净，分别切碎，将上述材料一起放入已搅拌好的肉馅中，再放入一点盐，搅拌均匀。

③擀饺子皮，要薄、小，加入馅，包成小饺子。

④水烧开后，将饺子放入，多煮一会儿，待饺子上浮后即可。

【营养解析】虾仁、瘦肉含有丰富的蛋白质；胡萝卜富含维生素A及胡萝卜素，对宝宝眼睛和皮肤有利；小白菜含有多种维生素、矿物质、叶酸。这道菜对于身体、大脑正在发育阶段的宝宝来说，是营养均衡的极佳食物。

温馨提示：烹制虾仁时，调味品投入宜少不宜多，调味品太多就压抑了虾仁的原汁鲜味。

雪菜豆腐

材料

豆腐150克，瘦猪肉、雪里红各25克，食用油、香葱、盐各适量

做法

①将瘦猪肉洗干净，在热水中烫一下，去掉血水，剁成肉泥。

②将雪里红洗干净，切碎；豆腐切成小块；用油略煎后取出。

③炒锅中放油，待油热后，放入肉泥煸炒；再放入豆腐、雪里红末、少量清水、香葱、盐，一起炖烂即可。

【**营养解析**】这道菜中含有蛋白质、脂肪、钙、磷、铁、维生素A、维生素B_1、维生素B_2、维生素C、烟酸等营养物质，能促进宝宝大脑和身体的健康生长发育，还有利于预防夜盲症、口角炎等症状。

解答妈妈最关心的问题：

【**食材安全选购**】选购雪里红时，要选择叶片有光泽、无枯叶、无萎蔫的，以颜色翠绿，没有枯黄及开花现象者为佳。

【**更多配餐方案**】雪里红可以用宝宝喜欢的各种青菜来代替，猪瘦肉也可以换成鱼肉，营养丰富也更易消化。

温馨提示：雪里红中含有丰富的膳食纤维，烹饪前应充分剁碎，以免宝宝消化困难。

番茄炒鸡蛋

材料

鸡蛋1个，番茄1个，盐、食用油各适量

做法

①将番茄洗净，用开水烫一下，去皮切丁，装碗待用。

②鸡蛋打碎，放入盐，搅拌均匀。

③食用油烧热，把鸡蛋倒入翻炒，再加入番茄，出汤后稍收汁即可。

【营养解析】番茄含有丰富的维生素C、维生素P、钙、铁、铜、碘等营养物质，还含有柠檬酸和苹果酸，可以促进宝宝的胃液对油腻食物的消化。蛋黄中含有丰富的卵磷脂、固醇类、蛋黄素，以及钙、磷、铁、维生素A、维生素D及B族维生素，对增强神经系统的功能大有裨益。

解答妈妈最关心的问题：

【食材安全选购】不要购买带长尖或畸形的番茄，这多是由于过量使用植物生长调节剂造成的，也不要购买着色不匀、花脸的番茄，这很可能是由于番茄病害造成的，味道和营养均很差。

【更多配餐方案】番茄与鸡蛋是经典的搭配，此外胡萝卜、洋葱也是鸡蛋不错的营养搭档。

温馨提示：未成熟的青番茄不宜给宝宝食用。因为未成熟的番茄含有大量有毒的番茄碱，人食用后会出现头晕、恶心、呕吐、流涎、乏力等中毒症状。

鱼泥小馄饨

材料

鱼肉 200~300克，胡萝卜半根，鸡蛋1个，酱油、小馄饨皮各适量

做法

①鱼肉剁泥；胡萝卜洗净去皮，切成圆形薄片。

②胡萝卜薄片煮软，捞起沥干，剁成泥。

③将胡萝卜泥、搅散的鸡蛋、酱油倒入装有鱼泥的碗内，拌匀。

④将馅料包成小馄饨，煮熟出锅装碗即可。

解答妈妈最关心的问题：

【食材安全选购】选购胡萝卜，以形状坚实、颜色为浓橙色、表面光滑者为佳。挑选时宜选择表皮和心柱均呈橘红色，且心柱细的。此外，粗细整齐、大小均匀、不开裂的胡萝卜口感更好。

【更多配餐方案】为了丰富宝宝的味觉体验，小馄饨里的馅料可以多做变化，虾泥小馄饨、鸡茸小馄饨等都是很好的选择。

【营养解析】鱼肉含有叶酸、维生素B_2、维生素B_{12}等维生素及蛋白质；胡萝卜不仅富含胡萝卜素，还富含维生素B_1、维生素B_2、钙、铁、磷等维生素和矿物质。

温馨提示：一定要将鱼肉中的鱼刺剔除干净，以免鱼刺卡住宝宝的喉咙，划伤食道。

丝瓜蛋花汤

材料

丝瓜150克，虾皮少许，鸡蛋1个，葱花少许，盐少量，骨头汤150毫升

做法

①丝瓜刮去外皮，洗净切片，虾皮用温水泡软洗净，鸡蛋打散备用。

②将骨头汤和虾皮放入锅中烧沸，放丝瓜片煮熟、煮软，将蛋液倒入汤中煮开，加入葱花，撒盐调味即可。

【营养解析】丝瓜营养丰富，有很强的抗过敏作用。丝瓜中的维生素C、维生素E含量较高，可以帮助宝宝大脑的健康发育。

解答妈妈最关心的问题：

【食材安全选购】丝瓜以鲜嫩、结实、光亮、皮色为嫩绿或淡绿色、果肉顶端比较饱满、无臃肿感的为佳。

【更多配餐方案】丝瓜蛋花汤鲜甜味美，紫菜蛋花汤同样也是营养丰富，但要注意紫菜蛋花汤中的紫菜要剪碎，以方便宝宝食用。

温馨提示：丝瓜汁水丰富，宜现切现做，以免营养成分随汁水流走。丝瓜的味道清甜，烹煮时不宜加酱油和豆瓣酱等口味较重的酱料，以免抢味。

冬瓜海米汤

材料

冬瓜300克，海米20克，盐、高汤、食用油各适量

做法

①将海米用温水泡软，控干水分；冬瓜去掉皮和瓤，洗净切成片。

②锅中热油爆香海米，煎香后放入高汤和冬瓜煮至半透明，加入盐调味即可。

【营养解析】冬瓜含有较多的蛋白质、糖类及少量的钙、磷、铁等矿物质和多种维生素；海米营养丰富，富含钙、磷等多种对人体有益的元素，是宝宝补钙的较好来源。

解答妈妈最关心的问题：

【食材安全选购】海米应挑选体表色泽鲜艳发亮、发黄或浅红色的。从体形上看，要挑选体形弯曲的。另外，选购干海米时还要看看里面有无杂质，海米大小是否匀称，其中无杂质和无其他鱼虾的为上品。

【更多配餐方案】冬瓜海米汤味道清爽，豆腐海米汤或海米蛋花汤也同样爽口鲜美。

温馨提示：海米烹饪前须清洗，第一遍泡出的水不要使用。

花鲢鱼丸

材料
鲢鱼1条（约500克），葱、姜各少许，盐适量

做法
①将葱、姜洗净，加水煮好，取水盛出，放凉待用。
②将鲢鱼煮熟后去掉鱼刺，将鱼肉剁碎放入盆中，加入葱姜水搅拌，并加入适量盐，搅拌均匀后待用。
③锅中加入适量清水加热至温，用手将鱼肉挤成丸状放入锅内，待全部挤好后，大火将水烧开，至鱼丸上浮即可。

【营养解析】鲢鱼富含胶原蛋白、钙、磷等元素，对宝宝大脑及肌肉、骨骼的发育特别有益。这道菜鱼肉细腻、润滑、营养丰富，妈妈可以经常给宝宝食用。

解答妈妈最关心的问题：

【食材安全选购】优质的鲢鱼，眼球突出，角膜透明，鱼鳃色泽鲜红，鳃丝清晰，鳞片完整有光泽，不易脱落，鱼肉坚实，有弹性。

【更多配餐方案】鲢鱼的刺稍多，为了方便剔除鱼刺，妈妈也可以选择鱼刺比较少的鱼，如青鱼、桂鱼等。

温馨提示：清洗鲢鱼的时候，要将鱼肝清除掉，因为其中含有有毒物质。

鸡蛋三明治

材料

吐司1片，洋葱5克，胡萝卜5克，鸡蛋半个，芝士半片

做法

①吐司去边，切成适当大小；洋葱、胡萝卜各洗净去皮，煮熟后切碎；鸡蛋煮熟后，取一半切碎；芝士切碎。

②将所有切碎的材料混合均匀，夹在吐司中间即可。

【营养解析】这道三明治营养丰富，含有胡萝卜素、维生素A、蛋白质等营养物质，能强健脾胃、促进宝宝身体发育。

解答妈妈最关心的问题：

【食材安全选购】新鲜的鸡蛋蛋壳完整，有光泽，表面有一层白色粉末，手摸蛋壳有粗糙感，轻摇鸡蛋没有声音，有水声的是陈蛋，不宜选购。

【更多配餐方案】三明治的搭配可以充分发挥创意，只要不选择宝宝会过敏的食物，注重荤素搭配即可。西红柿、鸡蛋、芝士、黄瓜等都非常适合用来制作三明治。

温馨提示：宝宝每天吃1个鸡蛋即可，不宜过量。

蔬果虾蓉饭

材料

番茄1个，香菇3朵，胡萝卜1/4根，大虾50克，西芹少许，米饭1碗

做法

①将香菇洗干净，去蒂，切成小碎块；胡萝卜去皮洗净、西芹洗干净，切粒。

②将番茄放入开水中烫一下，然后去皮切成小块；大虾煮熟后去掉皮，取虾仁剁成蓉。

③将锅置于火上，放入香菇、胡萝卜、西芹、番茄，加少量水煮熟，最后加入虾蓉，一起煮熟后淋在饭上拌匀即可。

【营养解析】香菇含有多种矿物质和维生素；胡萝卜中含有丰富的β-胡萝卜素，可增强视网膜的感光力；虾含有丰富的钾、碘、镁、磷等矿物质。这道辅食是宝宝摄取蛋白质、维生素和矿物质的佳品。

解答妈妈最关心的问题：

【食材安全选购】选购香菇时，要选体圆齐正、菌伞肥厚、盖面平滑、质干不碎、色泽黄褐的。手捏菌柄有坚硬感，放开后菌伞随即膨松如故。菌伞下面的褶裥要紧密细白，菌柄要短而粗壮，远闻有香气。

【更多配餐方案】蔬果虾蓉饭鲜美可口，替换成蔬果鸡茸饭或是蔬果鱼泥饭也同样营养美味。

温馨提示：番茄上绿色的蒂有草腥味，很硬，是不能吃的部位，在食用前要先切除。

萝卜仔排煲

材料

仔排300克，黑木耳、白萝卜各100克，盐、姜片各适量

做法

①将仔排洗净用盐腌制，用时入开水锅中煮沸，捞出去杂质。

②将水烧开后，把仔排、水发后洗干净的黑木耳、洗净去皮切滚刀块的白萝卜一起放入锅里。

③放入姜片，大火煮开，再用小火慢慢炖，直至肉香萝卜酥。

【**营养解析**】仔排含有丰富的蛋白质、脂肪、碳水化合物、钙、磷、铁等成分，具有补虚强身、滋阴润燥、丰肌泽肤的作用。仔排与黑木耳、萝卜搭配，具有润肺补脑的功效。

解答妈妈最关心的问题：

【**食材安全选购**】要选肥瘦相间的排骨，不宜选用纯瘦肉的，纯瘦肉仔排中油分很少，口感很硬。

【**更多配餐方案**】若担心汤水过于油腻，除了可以选择肥肉较少的排骨，妈妈也可以选择猪瘦肉或者是牛肉来代替排骨。

温馨提示：仔排最好多炖一段时间，炖烂一点，宝宝比较好咀嚼，也容易消化。

茄丁炒肉末

材料

里脊肉50克，茄子100克，水淀粉、食用油、含铁酱油各适量。

做法

①将茄子洗干净，去掉皮，切成丁；里脊肉洗净切成丁，用水淀粉抓匀。

②炒锅烧热，放入食用油，油热后将茄丁炒黄，取出备用。

③锅底留少许油，放入里脊肉丁，翻炒至肉丁颜色发白；加入熟茄丁和少许水，小火焖3分钟，加入少许含铁酱油，炒匀即可起锅。

【营养解析】茄子含有丰富的维生素E和维生素P，可防止小血管出血。里脊肉中含有钙、铁、锌。本道菜可以给宝宝补充丰富的维生素。

解答妈妈最关心的问题：

【食材安全选购】茄子以果形均匀周正，老嫩适度，无裂口、腐烂、锈皮、斑点的为佳品。里脊肉要求色泽红润，质地紧密，富有弹性，并有一种特殊的猪肉香味。

【更多配餐方案】茄丁炒肉末中的茄丁也可以用番茄丁、西蓝花碎、洋葱丁等来替换。

温馨提示： 烹制茄子时，不宜用大火油炸，应降低烹调温度，减少其吸油量，这样才能有效地保留茄子的营养成分。

六、2~3岁：全能运动期的全面型食物

此阶段宝宝的消化系统逐渐完善，生长发育速度加快，对营养的需求也增加了。因此，在考虑此阶段宝宝的饮食时，既要照顾到宝宝的进食特点，又要考虑到宝宝生长发育的需要。宝宝的食谱应当是五谷杂粮均有，肉、蛋、蔬菜、水果的数量足、质量优，以保证各类营养素的平衡。

🌸 多翻新，重搭配，助宝宝健康成长

2~3岁的宝宝已经逐渐长出全部的 20 颗乳牙，咀嚼能力也基本完善，几乎可以吃饭桌上大部分的饭菜了。爸爸妈妈可以适当减少单独为宝宝做饭的时间，让宝宝和家人吃一样的饭菜，减少宝宝挑食的可能。

爸爸妈妈应尝试不同的烹饪方法和多样化的营养搭配来丰富宝宝的口感体验，同时也应注意宝宝对米饭、蔬菜、水果、肉类、乳类等不同类型食物的均衡摄取，这样才能保证宝宝的身体健健康康。这个阶段的宝宝可以自己进食了，如果还不能，那么爸爸妈妈就要多下点功夫训练宝宝独立进食的能力和习惯了。

2~3岁可添加的食物

这个年龄阶段的宝宝的辅食种类与成人基本相同。喂养时，每日三餐的进食时间与大人的吃饭时间相同，但给宝宝吃的食物，需清淡容易咀嚼，每餐荤素合理搭配。需要注意的是，虽然一天吃三顿正餐，但并不代表宝宝不需要喝奶了。奶粉、鲜奶、酸奶、奶酪等各类乳制品还是可以每天适量食用，注意控制每日奶量为 300 ~ 500 毫升即可，还可根据宝宝的不同喜好来选择不同的乳制品。同时，为了宝宝能够更好地适应即将到来的幼儿园生活，家长在对宝宝良好的饮食习惯的培养上还不能放松。每次吃饭固定坐

在餐椅上；继续让宝宝学习自己用勺吃饭，用杯子喝奶；吃饭时不给宝宝玩玩具、看电视等。

辅食添加应注意

● 补钙的同时注意补铁。在给宝宝补钙的同时，不要忘记了铁对宝宝健康成长的重要性。含铁量比较丰富的食物有瘦肉、海产品、动物肝脏、蛋黄、非精制谷类、豆类及干果类、绿叶蔬菜等。维生素C可促进铁的吸收，所以维生素C含量高的食物也可被视为补铁食品。含鞣酸、草酸的食物不利于人体对铁的吸收，比如菠菜是含铁量比较高的食物，但其含草酸也比较高，因而会影响铁的吸收。幼儿期过多饮奶易发生缺铁性贫血，所以，奶类食品并不是越多越好，到了幼儿期，奶类食品就不能作为主要的食物来源了。此外幼儿喝茶不但影响睡眠，还会影响铁的吸收，所以幼儿不宜喝茶。

● 补充食物纤维。食物纤维是七大营养素之一。食物纤维摄取过少、饮食过于精细是导致宝宝便秘的主要原因，而食物纤维的补充主要来自水果、蔬菜、非精制面粉、杂粮、燕麦等。如果父母给宝宝喂食的食品过于精细,宝宝对高蛋白、高热量食物摄取过多，没有足够的食物残渣，容易使肠道容积不足，导致容积性便秘。

● 注意营养均衡。宝宝出现营养不良的情况，主要是饮食结构不合理。事实上，只有全面的营养、合理的膳食搭配才能避免宝宝发生营养不良的问题。营养再丰富的食物，品种单一，吃得再多都不能满足人体的营养需要。父母需要给宝宝提供种类齐全、搭配均衡的食物，以保证宝宝生长发育所需的多种营养素。

● 一日三餐，与大人一起进食。吃饭时间收起所有玩具，关掉电视机，让宝宝与大人坐在一个餐桌上，把注意力集中

在吃饭上。这个阶段的宝宝一般能够自己使用餐具进食了，可以让宝宝自己拿着勺子或者学用筷子吃饭。

● 适当地给宝宝加餐。2~3岁的宝宝，正餐基本上可以与大人同时进行了。不过这时宝宝的生长仍处于迅速增长的阶段，各种营养的需求量较高，需要在正餐之外另加辅食。但是加餐与正餐的时间间隔不宜太短，以下给出宝宝一日饮食添加计划作为参考。

表2-6 2~3岁宝宝每日食谱参考

餐次	时间	饮食参考
早餐	7：00~8：00	牛奶100毫升，面条或者馒头25克，蛋类或豆类食物50克
加餐	10：00	水果100克，点心少许
午餐	12：00~12：30	软米饭1小碗（50克），海带炖鸡肉适量，冬瓜鲤鱼汤半小碗
加餐	15：00	牛奶150毫升，自制小饼干适量
晚餐	18：30~19：00	丝瓜粥1小碗，蔬菜50克，四色炒蛋50克

❧ 宝宝，来吃辅食吧！

　　明明快3岁了，是个活泼聪明的小男孩，平日里总喜欢调皮捣蛋，妈妈对他是"又爱又恨"。每次吃辅食的时候，妈妈总要追上好长一段时间才能喂上一口，有时他还故意吐出来。不过，妈妈并没有气馁，除了跟宝宝"斗智斗勇"，妈妈还在饭菜的花样和烹饪上下了一番功夫。终于，明明在餐桌上停留的时间越来越长，食欲越来越好，吃的辅食也越来越多了。

丝瓜粥

材料

丝瓜50克，大米40克，虾皮适量

做法

①丝瓜去皮洗净，切成小块；大米洗好，用水浸泡30分钟，备用。

②大米倒入锅中，加水煮粥，将熟时，加入丝瓜块和虾皮同煮，烧沸入味即可。

【**营养解析**】丝瓜营养丰富，有很强的抗过敏作用。丝瓜中的维生素C、B族维生素的含量较高，可以促进宝宝大脑的健康发育。

解答妈妈最关心的问题：

【**食材安全选购**】丝瓜应挑选鲜嫩、结实、光亮、皮色为嫩绿或淡绿色、果肉顶端比较饱满、无臃肿感的。

【**更多配餐方案**】用冬瓜来煮粥也一样清甜可口，此外西葫芦也是不错的选择。

温馨提示：丝瓜汁水丰富，宜现切现做，以避免营养成分随汁水流走。丝瓜的味道清甜，烹煮时不宜加酱油和豆瓣酱等口味较重的酱料，以免抢味。

四色炒蛋

材料

青、红甜椒各50克，鸡蛋1个，黑木耳、食用油、葱花、盐各适量

做法

①将鸡蛋的蛋清和蛋黄分别打在两个碗内，并分别加入少许盐搅打均匀；黑木耳泡发待用。

②将洗干净的青、红甜椒和黑木耳分别切成小块。

③油入锅烧热，分别煸炒蛋清和蛋黄，盛出。

④再起油锅，放入葱花爆香，投入青、红甜椒和黑木耳，炒到快熟时，加入少许盐，再倒入炒好的蛋清和蛋黄炒匀即可。

【营养解析】黑木耳中含有大量的碳水化合物，蛋白质含量约为10%，经常食用有助于补充蛋白质和维生素等营养成分，促进宝宝的智力发育。

解答妈妈最关心的问题：

【食材安全选购】优质黑木耳表面黑而光润，有一面呈灰色，手摸上去感觉干燥，无颗粒感，片大均匀，耳瓣舒展，体轻干燥，半透明，胀性好，有清香气味。

【更多配餐方案】这道菜色彩丰富、营养均衡，妈妈们也可以尝试用番茄、西蓝花、牛肉末等来组合。

温馨提示：鲜木耳含有毒素，不可食用。当鲜木耳加工干制后，所含毒素便会被破坏消失，才能食用。

鱼肉鸡蛋饼

材料

鱼肉20克，洋葱10克，鸡蛋半个，黄油、奶酪少许

做法

①将洋葱去皮洗干净，切碎；鱼肉煮熟，放入碗内研碎。

③将鸡蛋打入碗中，搅成蛋液，加入鱼泥、洋葱末、奶酪搅拌均匀，成馅。

③将平底锅置于火上，放入黄油，烧至融化，将馅团成小圆饼，放入油锅内煎炸，盛出即可。

【营养解析】此菜品含维生素C、胡萝卜素、卵磷脂和固醇类物质，可补充宝宝生长发育所需的多种营养元素。

解答妈妈最关心的问题：

【食材安全选购】选购洋葱时，以葱头肥大、外皮光泽、不烂、无伤、无泥土、鲜葱头不带叶者为佳。另外，洋葱表皮越干越好，包卷度愈紧密愈好；从外表看，最好可以看出透明表皮中带有茶色的纹理。

【更多配餐方案】鱼肉鸡蛋饼中也可以加少许猪肉或者虾蓉，也可用纯牛肉或猪肉来代替鱼肉。

温馨提示：洋葱含有的香辣味对眼睛有刺激作用，患有眼疾或者眼部充血时，不宜切洋葱。

海苔胡萝卜碎饭团

材料

海苔片适量，鸡蛋1个，白芝麻、胡萝卜丁、鸡肉泥、米饭各适量，食用油、盐、白砂糖各少许

做法

①油锅烧热，放入鸡肉泥、胡萝卜丁炒散，再倒入鸡蛋炒散，加盐、糖调好味后取出，备用。
②将米饭和白芝麻拌匀，分成一个个小饭团，包入炒好的馅料，再粘上海苔片即可。

【营养解析】海苔富含蛋白质、矿物质和维生素，其中胡萝卜素、核黄素、维生素A、B族维生素的含量很高，海苔中还含有铁、钙等矿物质。鸡蛋是人类最好的营养来源之一，鸡蛋中含大量的维生素、矿物质和蛋白质。

解答妈妈最关心的问题：

【食材安全选购】一般来说，质量好的海苔外形整齐、有明亮的光泽，柔软可口，一放入口里就和唾液掺混，香气扑鼻，鲜味满口。

【更多配餐方案】海苔胡萝卜饭团好吃又营养，但也还有其他的美味营养搭配，例如可以用黄瓜或者洋葱来代替胡萝卜。

温馨提示：干海苔的盐分和味精含量很高，不宜长期连续食用，一次最好不要超过50克，尤其幼儿不宜常吃，吃完后要及时喝水。

番茄饭卷

材料
胡萝卜、葱头、番茄各适量，鸡蛋1个，软米饭1碗，盐、食用油各适量

做法
①将胡萝卜、葱头、番茄分别处理干净，切成丁。
②将鸡蛋调匀后，放平锅煎成蛋皮。
③将胡萝卜丁和葱头丁各用1/2匙食用油炒软；加入软米饭和番茄丁，加盐炒匀；然后将混合后炒好的米饭平摊在蛋皮上，卷成卷儿，再切段即可。

【营养解析】这道辅食含有丰富的蛋白质和脂肪、维生素C、胡萝卜素等营养元素，具有健脑益智和强健身体的功效。

解答妈妈最关心的问题：

【食材安全选购】胡萝卜最好选择茎口较小的。选购番茄时，一般以果形周正，无裂口、无虫咬，成熟适度，肉肥厚，心室小者为佳。

【更多配餐方案】番茄饭卷酸甜可口，南瓜饭卷、胡萝卜饭卷、蔬菜饭卷等也同样美味，妈妈们都可以尝试。

温馨提示：除番茄皮的小妙招：番茄顶端用刀切一个"十"字口，然后把开水浇在番茄上，或者把番茄放入开水里焯一下，番茄的皮就可以很容易被剥掉了。

法式南瓜汤

材料

南瓜30克，牛奶（配方奶）3匙

做法

①南瓜洗净并切块，蒸熟后去籽、去皮，再磨成泥。

②锅中放入牛奶加热，再加入南瓜泥，搅拌均匀即可。

【**营养解析**】南瓜可以给宝宝提供丰富的胡萝卜素、B族维生素、维生素C和蛋白质等。B族维生素具有强化口腔黏膜组织的功效，当口腔开始发炎，久久无法痊愈时，不妨多补充B族维生素，可有效改善症状。

解答妈妈最关心的问题：

【**食材安全选购**】牛奶不能生食，如果是新鲜牛奶一定要经过加热杀菌才能食用。市售盒装纯牛奶一般已经杀菌处理，所以可以直接食用。

【**更多配餐方案**】在南瓜汤中加点芝士末，能让汤的味道变得更加香浓；也可以将南瓜换成玉米。

温馨提示：保存切开后的南瓜，先用汤匙把南瓜内部的瓜籽等掏空，再用保鲜膜包好，这样放入冰箱冷藏可以存放5~6天。

鸡丝炒苦瓜

材料

苦瓜100克，鸡胸肉50克，胡萝卜丝、姜末、淀粉、橄榄油各少许，盐微量

做法

①将苦瓜洗干净从中间剖开，剔出瓜瓤后切细条，入沸水中焯一下，捞出沥干水分。

②鸡胸肉洗净切成细丝，用盐、淀粉拌匀腌一会儿。

③热锅放油，爆香姜末，下鸡肉滑炒变色，放入胡萝卜丝、苦瓜翻炒至食材熟透，加盐调味即可。

【营养解析】苦瓜含有蛋白质、脂肪、钙、磷、铁、胡萝卜素、多种维生素。鸡胸肉的蛋白质含量较高，且易被人体吸收利用，此外还含有对人体生长发育有重要作用的磷脂类。

解答妈妈最关心的问题：

【食材安全选购】生姜宜挑选肉质坚硬、表皮光滑、外皮不湿润、闻起来没有硫磺味的。

【更多配餐方案】鸡肉营养丰富，可以搭配的食材也很多，茭白、芦笋等都可以与鸡肉搭配。

温馨提示：苦瓜不宜过量食用，否则易引起恶心、呕吐等。苦瓜性凉，多食易伤脾胃，所以脾胃虚弱的宝宝要少吃苦瓜。

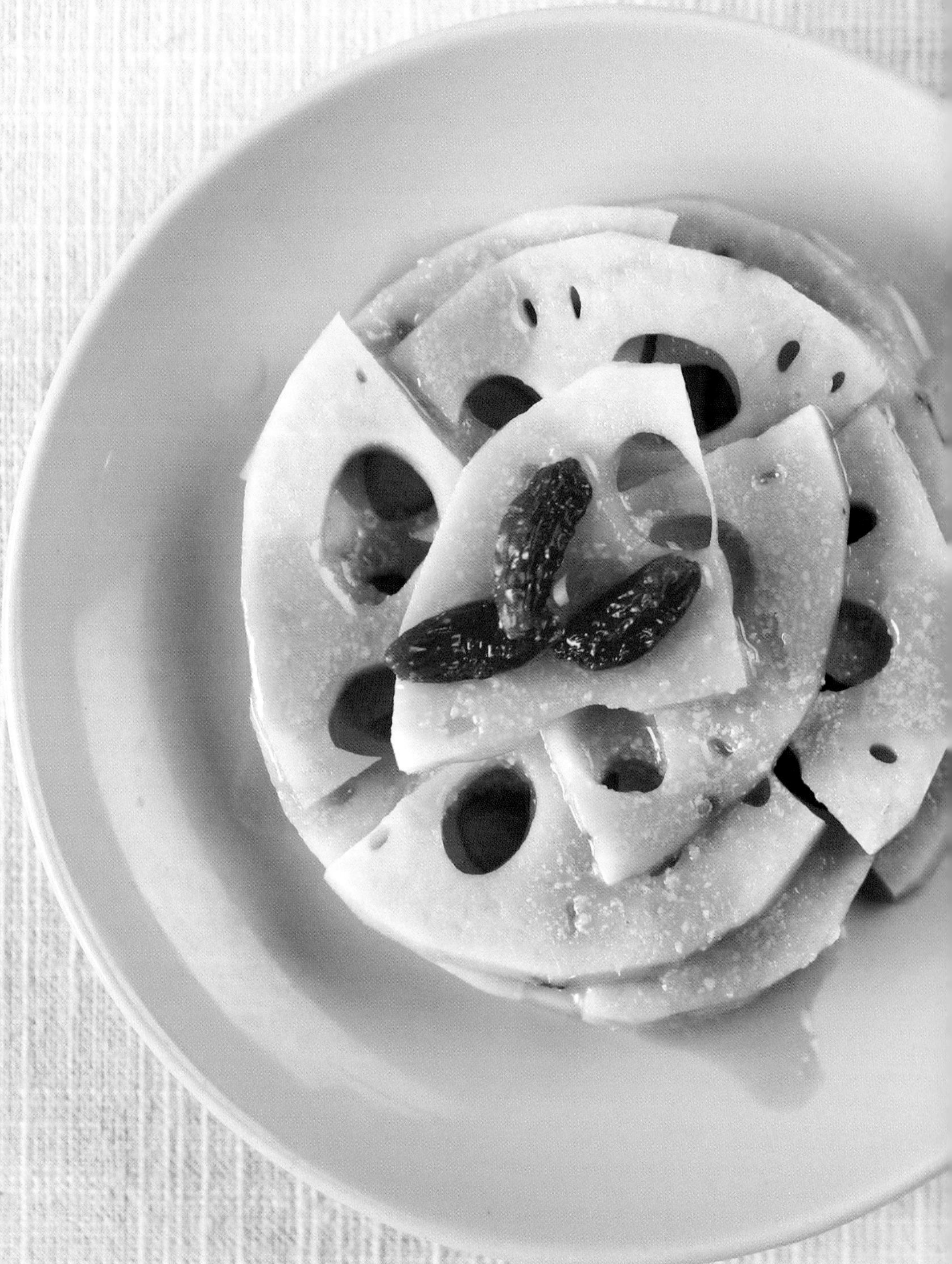

柠檬浇汁莲藕

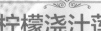

材料

莲藕1节(约200克)，枸杞少许，牛奶15毫升，柠檬汁15毫升，蜂蜜10毫升，橄榄油5毫升

做法

①莲藕洗干净，刮去表皮，切成0.5厘米厚的片；枸杞用温水泡发。大火烧开煮锅中的水，放入切好的藕片，焯烫1分钟，捞出，放入冷水中浸泡。

②将牛奶、柠檬汁、蜂蜜、橄榄油混合，搅成酱汁。

③将莲藕片从冷水捞出，沥干，切小块，放入盘中，淋上调好的酱汁，撒上泡发的枸杞即可。

【营养解析】莲藕富含维生素C、植物纤维、维生素B_1、维生素B_{12}、维生素E、铁、钙等。维生素C有预防感冒的作用；植物纤维可以保护胃黏膜，并改善便秘。

解答妈妈最关心的问题：

【食材安全选购】选购莲藕时，应选择藕节短、藕身粗的，从藕尖数起第二节藕口感最好。食用莲藕要挑选外皮呈黄褐色、肉肥厚而白的。另外，挑选莲藕还要注意选藕节完好、藕身无破损的，以免藕孔存泥而不好清洗。

【更多配餐方案】莲藕也可以直接切碎，与猪肉泥搅拌均匀蒸成肉饼给宝宝食用。

温馨提示：没切过的莲藕可在常温中放置一周的时间，而切开过的莲藕容易变黑，切面处孔的部分容易腐烂，所以要在切口处覆以保鲜膜，这样可冷藏保鲜一周左右。

缤纷鸡丁

材料

鸡肉50克，茄子30克，香菇20克，各色彩椒、葱末、水淀粉各少许，盐、橄榄油各适量

做法

①将各种蔬菜洗净切小粒，入沸水焯一下；鸡肉洗净切丁，用水淀粉抓匀。

②热锅放油，爆香葱末，下鸡丁炒至肉色变白并散开后，放入各种蔬菜翻炒，淋少许清水将蔬菜煮软，最后撒盐调味即可。

【营养解析】这是一道富含维生素C和维生素E的菜品，味道鲜美，颜色丰富多彩，可以吸引宝宝多吃一些饭。

解答妈妈最关心的问题：

【食材安全选购】挑选茄子时，应选果形均匀周正的，以皮薄、籽少、肉厚、细嫩的为佳。选购香菇时，要选体圆齐正、菌伞肥厚、盖面平滑、质干不碎的。

【更多配餐方案】缤纷鸡丁中的各色蔬菜，可以采用多种组合方式，胡萝卜、玉米、黄瓜都能成为组合食材。

温馨提示：茄子遇热极易氧化，颜色会变黑而影响美观。如果烹调前先将茄子放入热油锅中稍炸，再与其他的材料同炒，便不容易变色。

清煮豆腐

材料

嫩豆腐1块，葱、盐、香油各适量

做法

①豆腐洗净，切成小方丁，用清水浸泡半小时，捞出沥水；葱洗净，切成葱花。

②锅置火上，加入清水、豆腐丁，大火煮沸后，加入盐、葱花、香油调味即可。

【营养解析】豆腐含有蛋白质、铁、钙、磷、镁等人体必需的多种元素。此菜品鲜嫩可口，营养丰富。

解答妈妈最关心的问题：

【食材安全选购】新鲜香油看起来呈黄红色，无分层、沉淀现象，光照下呈黏稠的不透明状液体。

【更多配餐方案】如果担心清煮豆腐的味道单一寡淡，可以在汤中加少许番茄或者玉米粒。

温馨提示：嫩豆腐最细腻水嫩，也最易碎，要想豆腐不碎，烹饪前最好将豆腐用清水浸泡一下，如果在清水中放入一小勺盐，效果会更佳。

玉米排骨汤

材料

番茄1个，玉米半根，猪小排150克，盐适量

做法

①玉米洗净切小段，番茄洗净切块，备用。猪小排用沸水煮一下捞出，用冷水将猪小排冲干净，再放入开水中用小火煮20分钟。

②放入切成小段的玉米，与排骨同煮20分钟。

③最后，放入切好的番茄，再慢慢加热10分钟至番茄变软，加入盐调味后离火，稍稍放凉后即可食用。

【营养解析】玉米是营养价值极高的食物，有健脾益胃的作用。玉米与排骨一同食用，既能开胃益脾，又可润肺养心。在秋冬季节，用骨头汤或排骨煨汤食用，有良好的滋补功效。

解答妈妈最关心的问题：

【食材安全选购】购买生玉米时，以外表翠绿无黄叶、无干叶者为佳，不要有玉米螟虫；玉米须裸露在外的部分要干燥，拉开叶子，里面的须呈现固有的绿色或白色，没有蔫。

【更多配餐方案】玉米排骨汤中的材料不仅可以用胡萝卜代替番茄，也可以加少许土豆，让汤的味道更丰富、有层次感。

温馨提示：煮骨头汤时应注意，最好用高压锅，煮的时间不宜太长，这样可以保留较多的营养成分。

鸡肝蒸肉饼

材料

里脊肉30克，鸡肝1只，嫩豆腐1/3块，鸡蛋1个，生抽、盐、白砂糖、淀粉各适量

做法

①豆腐放入开水中煮2分钟，捞起沥干水，压成蓉；鸡肝、里脊肉洗净，沥干水、剁成末。

②将里脊肉、鸡肝、嫩豆腐放入大碗内，加入鸡蛋白及调味料拌匀，放在碟上，做成圆饼形，蒸7分钟至熟即可。

【营养解析】鸡肝含有丰富的钙、磷、铁、锌、维生素A、B族维生素。动物肝中维生素A的含量远远超过奶、蛋、肉、鱼等食品，能保护眼睛，维持正常视力，防止眼睛干涩、疲劳。

温馨提示：打蛋时要提防沾染到蛋壳上的杂菌，烹饪前最好用流水冲洗片刻。

解答妈妈最关心的问题：

【食材安全选购】选购鸡蛋时，可以将鸡蛋放入冷水中，下沉的是鲜蛋，上浮的是陈蛋。放置鸡蛋时要大头朝上，小头朝下，这样可以使蛋黄上浮后贴在气室下面，既可防止微生物侵入蛋黄，也可延长鸡蛋的保存期限。

【更多配餐方案】可以用猪肝来代替鸡肝，营养同样丰富。

肉泥洋葱饼

材料

肉泥20克，面粉50克，洋葱末10克，盐、食用油各适量

做法

①将肉泥、洋葱末、面粉、盐，加水后拌成稀糊状。

②油锅烧热，将一大勺肉糊倒入锅内，慢慢转动制成小饼，将两面煎熟透即可。

解答妈妈最关心的问题：

【食材安全选购】捏起来松软的洋葱内部多会发芽或腐败。切开洋葱看切面，如果中心点已变绿，表示快要发芽了，这种洋葱的滋味和口感都会变差。

【更多配餐方案】肉泥洋葱饼的肉泥除了可以用猪肉，牛肉作为洋葱的黄金搭档，也是很好的选择。

【营养解析】洋葱营养丰富，能刺激胃、肠及消化腺分泌，增进食欲，促进消化，可缓解消化不良、食欲不振、食积内停等症状。

温馨提示：切洋葱不流眼泪的小窍门：把洋葱丢到一盆清水中，浸泡一会后拿出再切就不会刺激眼睛了；或者在切的时候经常把刀用水洗一下再切。

香菇白菜

材料

白菜100克，香菇3朵，盐、食用油各适量

做法

①白菜洗净，切碎；香菇去蒂洗净，切碎。

②锅中放入油烧热后，放白菜炒至半熟，加入香菇、盐和适量的水，小火煮烂即可。

【**营养解析**】香菇中含一般蔬菜缺乏的麦淄醇，可转化为维生素D，促进人体对钙的吸收，并可增强人体抵抗疾病的能力。大白菜具有较高的营养价值，含有多种维生素和矿物质，特别是维生素C、钙、膳食纤维的含量非常丰富。

解答妈妈最关心的问题：

【**食材安全选购**】选购白菜的时候，要看根部切口是否新鲜水嫩，切口处水分较多的白菜更新鲜。菜叶颜色是翠绿色的最好，菜叶颜色越黄、越白，则白菜越老。

【**更多配餐方案**】除了香菇，白菜也可以与豆腐搭配，清爽味美又营养。

温馨提示：患有顽固性皮肤瘙痒症的宝宝忌食香菇。

芦笋烧鸡块

材料

鸡胸肉100克,芦笋50克,红甜椒1个,生抽、蒜末、盐、食用油各适量

做法

①鸡胸肉切小块,沸水氽烫,捞出沥干;芦笋去根去皮,切长段,入盐水内煮至断生;红甜椒去蒂去子,洗净切长条。

②锅里加油烧热,先炒香蒜末,再放入鸡块炒至变色,调入生抽,加入芦笋、红甜椒,炒匀即可。

【营养解析】芦笋的纤维素比较多,可以预防宝宝便秘;鸡肉含有易于吸收的氨基酸,能给宝宝提供成长需要的营养物质。

解答妈妈最关心的问题:

【食材安全选购】选购芦笋时,应以全株形状正直,表皮鲜亮不萎缩,株杆细嫩粗大者为宜。

【更多配餐方案】与鸡肉搭配的蔬菜除了芦笋,还可以选择西芹或者秋葵。

温馨提示:芦笋营养丰富,尤其是嫩茎的顶尖部分,各种营养物质含量最为丰富,但芦笋不宜生吃,也不宜长时间存放,存放1周以上的最好就不要食用了。

青菜鳕鱼扒

材料

鳕鱼200克，生菜100克，鸡蛋1个，盐、食用油各适量

做法

①生菜清洗干净，沥去水分，切成碎末；鸡蛋煮熟后，取蛋黄压成泥。

②鳕鱼清洗干净，切成厚片，撒上盐腌10分钟，摆入烤盘。

③烤箱预热170℃，将烤盘放入烤箱中，上下火烘烤10分钟。

④中火烧热炒锅中的油，放入生菜末、蛋黄泥，翻炒均匀。

⑤将炒好的蛋黄泥盖在烤好的鳕鱼片上即可。

解答妈妈最关心的问题：

【食材安全选购】挑选鳕鱼时，宜选购银鳕鱼，优质的银鳕鱼肉色洁白，鱼肉上面没有那种特别粗、特别明显的红线，鱼鳞非常密，解冻以后触摸鱼皮，有像覆盖了一层黏液膜般的光滑手感。

【更多配餐方案】鳕鱼可换成其他鱼类，如鲈鱼或者龙利鱼；生菜也可换成油菜和娃娃菜等蔬菜。

温馨提示：烹饪生菜时，无论以何种方式，烹饪时间都不要太长，这样才可以更好地保留住生菜中的营养。

【营养解析】鳕鱼含有丰富的蛋白质、维生素A、维生素D、钙、镁、硒等元素，营养丰富、肉味甘美。

红薯炖苹果

材料

红薯、苹果各30克

做法

①将红薯、苹果洗净去皮，切成小丁。

②锅中放入红薯丁和苹果丁，加入适量的水一起炖煮。

③待红薯丁和苹果丁煮至软烂即可盛出食用。

【**营养解析**】红薯富含蛋白质和各式各样的维生素以及矿物质，可有效改善营养不良的症状，并且具有补中益气的功效，因此特别适合脾胃亏虚、小儿疳积的患者食用。

解答妈妈最关心的问题：

【**食材安全选购**】选红薯一般要选外表干净、光滑、形状好（纺锤形）、坚硬的。发芽、表面凹凸不平的红薯不要买，那表示已经不新鲜。

【**更多配餐方案**】也可以将苹果换成芝士片，不仅口感更加细腻，营养同样也很丰富。

温馨提示：不可进食已经有黑斑，即已经变质腐烂或发出新芽的红薯，否则可能引起中毒。

第三章

宝宝病了这样吃

每一个宝宝都是父母的心头肉，

宝宝的每一次生病都会让父母精神紧绷、如临大敌。

不过，宝宝一生病就去打针、吃药，

可不是聪明父母的选择。

是药三分毒，有时候，吃药对宝宝的伤害甚至胜过了疾病本身。

所以，当宝宝生病时，最好是能不吃药就不吃，能少吃药就少吃。

不过，不管是选择去医院还是在家护理，

父母都要根据宝宝的疾病特点，

配合治疗的护理要求，做好宝宝的营养保障。

当宝宝生病时，聪明的父母会给孩子最合适的食物，

让宝宝增强抵抗力，身体尽快康复。

一、发热

🐟 宝宝发热怎么办

发热，是宝宝常见的症状之一。宝宝正常体温以肛温 36.5℃~37.5℃、腋温 36℃~37℃为标准。若腋温超过 37.4℃，且一天之中体温波动超过 1℃以上，可认为是发热。当腋温超过 38.1℃ 时，即为中热，要及时治疗。

面对发热这种情况，很多家长担心宝宝会被"烧坏"，当宝宝刚刚有点发热时，就给宝宝服用退热药，甚至打退热针，其实这样做可能对宝宝身体不利。一般来说，宝宝低热时不必服用退热药或打退热针，只需给宝宝多喝些水，解开宝宝的衣服，宝宝体温就会慢慢地降下来了。

宝宝发热后，胃肠消化能力会有所减退，食欲也会降低，这时应该给宝宝食用流质、营养丰富、清淡、易消化的食物，如奶类、少油的菜汤等，马蹄、甘蔗等有清热泻热的功效，可以制作成汤或汁喂给宝宝吃。等体温下降，宝宝食欲有所好转后，可改为半流质的食物，如肉末菜粥、面条、软饭，配一些易消化的菜肴。要让宝宝多喝温开水，这对体温具有稳定作用，可避免体温再度快速升高。

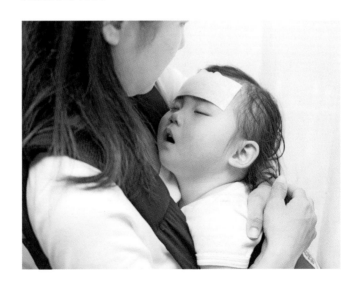

马蹄汤

材料

马蹄300克，冰糖适量

做法

马蹄去皮洗净磨碎，加适量清水及冰糖，煮熟放温频饮。

【营养解析】马蹄口感甜脆，营养丰富，含有蛋白质、脂肪、粗纤维等营养成分，具有清热泻火的良好功效，适宜发热的儿童食用。

解答妈妈最关心的问题：

【**食材安全选购**】马蹄如果有刺鼻的味道，或别的异味，可能是被浸泡处理过，最好不要购买。

【**更多配餐方案**】可在马蹄汤中加少许梨汁，起到加强生津消热的功效。

温馨提示：适合8个月以上宝宝食用。

甘蔗汁

材料

甘蔗适量

做法

将甘蔗去皮，榨汁，代茶饮或加热温服。
一日2~3次。

【营养解析】甘蔗中含有丰富的糖分、水分，
入肺、胃二经，具有清热生津、下气润燥、清
热解毒的功效。

解答妈妈最关心的问题：

【食材安全选购】购买甘蔗时，要选择粗细
均匀的，皮泽光亮，挂有白霜，颜色越黑的
越甜，还要挑选相对挺直、节头少而均匀的
甘蔗。

【更多配餐方案】甘蔗取汁后，同山药、粳
米一同煮粥，也能清热生津。

温馨提示：适合8个月以上宝宝食用。

二、感冒

一般而言，感冒可分为风寒感冒和风热感冒两种。

风寒感冒是因风寒之邪外袭，肺气失宣所致，症状为鼻塞流涕、咳嗽有痰、浑身酸痛等，多发于秋冬季。

风热感冒是由风热之邪犯表、肺气失和导致的，症状有发热、头胀、咽喉痛、咳嗽、痰黄等，多发于夏秋季。

❧ 宝宝感冒怎么办

宝宝感冒后，多数表现为流清水样鼻涕、打喷嚏、鼻塞、咳嗽等。有些小宝宝因鼻子不通气而张嘴呼吸，或者阵阵烦躁、哭闹，稍大一点的会说话的宝宝会说咽部疼痛。患儿常伴有发热的现象，体温可高达 39℃~40℃，个别宝宝还会因发热而引起抽风，或出现腹泻、腹痛、呕吐等症状。

宝宝感冒了，多数父母的第一反应是上医院，吃感冒药。然而"是药三分毒"，药吃多了可能会对宝宝的身体产生一定的副作用。如果宝宝感冒属于初期，情况不严重，可以考虑不吃药，给宝宝准备一些驱寒祛风的食物，如红糖姜汤、陈皮白粥等。

感冒的宝宝很容易出现食欲降低、恶心、呕吐、腹痛和腹泻等症状，这种时候的饮食护理非常重要，总体原则是选择易消化、清淡的食物，如白米粥、小米粥、小豆粥等，既可满足营养的需要，又能增进食欲。不要让宝宝吃过于油腻的食物，也不要强求宝宝进食，否则易造成宝宝胃肠负担加重，对身体的恢复有害。每次给宝宝吃的食物量可少些，吃的次数可多些，多给宝宝喝一些水或果汁，如鲜榨橙汁等，发热消退和消化能力较好的宝宝的饮食可稠一些。随着宝宝病情的好转，一般1周左右可逐渐恢复到平日饮食。

为增强身体免疫力，有效预防感冒，以下食物可以多给宝宝吃：

● 母乳。对婴幼儿而言最好是用母乳喂养，因为母乳不仅是促进宝宝智力发育的最佳食品，还能增强体质，预防感冒。

● 富含维生素 A、维生素 C 的食物。缺乏维生素 A 是患上呼吸道感染疾病的一大诱因，所以如果宝宝感冒了，家长要多给宝宝喂食富含维生素 A 和维生素 C 的食物。富含维生素 A 的食物有胡萝卜、苋菜、菠菜、南瓜等。富含维生素 C 的食物，如各类蔬菜和水果，可以间接地促进抗体合成、增强身体免疫功能。

● 富含锌的食物。人体内的锌元素充足，则可以抵抗很多病毒，因此补充锌元素很重要。肉类、海产品和家禽的含锌量丰富，此外，各种豆类、坚果类食品亦是较好的含锌食品。

● 富含铁质的食物。体内缺乏铁质，可导致 T- 淋巴细胞和 B- 淋巴细胞生成受损，使人体免疫功能降低，难以对抗感冒病毒。可选择奶类、蛋类、菠菜、肉类等食品补铁。

● 有利于防治流感的食物。生姜、葱白、豆豉、香菜、大蒜等食物可以防治小儿流感，可以多给宝宝烹饪喂食。

此外，要为宝宝准备良好、舒适的休息环境，室内保持安静，不要大声说话，尽可能增加宝宝的睡眠时间，以减少能量的消耗。可以让宝宝躺在床上，给宝宝轻声讲故事或让宝宝听音乐，帮助宝宝放松，可以起到促进疾病康复的效果。应给宝宝穿宽松的衣裤，以便有效出汗和散热，千万不能给发热宝宝穿过多衣服和盖过厚的被褥，否则容易导致高热不退。

需提醒爸爸妈妈的是，如果宝宝因感冒而发热且持续不退，或者发生并发症时，应及时去医院诊治，以免贻误时机，加重病情。

❧ 风寒感冒

陈皮白粥

材料

大米60克，陈皮适量

做法

①将大米与陈皮分别洗净、泡发。

②在锅中将水烧开，放入陈皮与大米，待米煮烂即可。

【营养解析】大米含有维生素B₁、维生素A及多种矿物质。陈皮具有温胃散寒、理气健脾的功效，适用于咳嗽痰多等症状的宝宝。

解答妈妈最关心的问题：

【**食材安全选购**】陈皮以片大、色鲜、油润、质软、香气浓、味甜苦辛者为佳。好的陈皮表面干燥清脆，用手一折容易折断。

【**更多配餐方案**】也可单纯用陈皮煮成水喂宝宝食用，有止咳的功效。

温馨提示：适合8个月以上宝宝食用。

红糖姜汤

材料

红糖50克，姜20克，干枣15克

做法

①在锅中注入适量清水，放入红糖和干枣一同煎煮20分钟。

②加入生姜片，再煮5分钟即可。

【营养解析】红糖含有B族维生素及铁，具有健脾暖胃的功效；姜可疏风解表、散寒；干枣富含B族维生素以及钙、磷、铁等，可促进睡眠。

温馨提示：适合1岁以上宝宝食用。

解答妈妈最关心的问题：

【食材安全选购】应购买晶粒状或粉末状的红糖，以干燥而松散、不结块、不成团、无杂质、其水溶液清晰、无沉淀、无悬浮物的为佳。

【更多配餐方案】也可将红糖姜汤兑到宝宝的米糊中喂宝宝食用。

❖ 风热感冒

连皮冬瓜粥

材料

冬瓜100克，大米50克

做法

①冬瓜洗净，切成小块。

②大米入锅淘净，加水，大火烧沸后，改中小火，下冬瓜块，煮至浓稠即可。

【营养解析】大米富含维生素B$_1$、维生素A、维生素E及多种矿物质。冬瓜含丰富的粗纤维、钙、铁等，具有清热生津、解暑除烦的功效。

解答妈妈最关心的问题：

【食材安全选购】一般瓜体重的冬瓜质量较好，瓜身较轻的可能已变质。切开的冬瓜如果种子已成熟，并变成黄褐色，一般口感比较好。

【更多配餐方案】对于月龄较小的宝宝，可以以连皮冬瓜米汤来替代。

温馨提示：适合8个月以上宝宝食用。

胡萝卜马蹄粥

材料

胡萝卜150克，马蹄150克，大米50克

做法

①胡萝卜洗净去皮切片，马蹄去皮洗净切粒，备用。

②胡萝卜片、马蹄粒和大米一起放到锅中，加入适量的清水煲成粥即可。

【营养解析】马蹄口感甜脆，营养丰富，含有蛋白质、脂肪、粗纤维等营养成分，具有清热泻火的良好功效，适宜发热的儿童食用。

解答妈妈最关心的问题：

【食材安全选购】选购胡萝卜时，要选新鲜、脆嫩、无萎蔫感的，外观呈红色或橙红且色泽均匀，上下均匀、表面光滑、无根毛、无歧根、不开裂、不畸形、无污点的为好。

【更多配餐方案】对于月龄较小的宝宝，可以将胡萝卜和马蹄都磨成碎，煮成胡萝卜马蹄米汤，大米也可以换成粳米或者小米。

温馨提示：适合6个月以上宝宝食用。

三、咳嗽

咳嗽同感冒一样，也是宝宝常见的症状之一，也分为不同的类型。宝宝常见咳嗽的主要有风寒咳嗽、风热咳嗽、燥热咳嗽等。

风寒咳嗽是由于机体感受风寒、肺气失宣所致，多出现于夜间。一般症状是干咳，有少量稀薄痰，并伴随有流清水涕与鼻塞等症状。风热咳嗽是由于机体感受风热之邪、肺失清肃所致的咳嗽，喉咙又干又痛，还会出现黄色的黏痰。燥热咳嗽是指燥热伤肺、肺津受灼、肺气失宣而致的咳嗽，多为干咳，很难咳出痰，患儿常觉得喉咙和鼻腔又干又痒。

❀ 宝宝咳嗽怎么办

很多家长不把宝宝咳嗽当回事，不予重视和处理，容易导致病情进一步蔓延。如果家长发现宝宝有点咳嗽，要重视起来，看看是否严重。

如果宝宝是轻微咳嗽，可以通过饮食来缓解。食物上要忌油腻，尽量吃清淡的食物，如菜粥、稀饭等；要多帮宝宝补充水分，可以使痰液变稀，并咳出来，也可吃一些止咳化痰的食物，如梨、白萝卜、橘子、甘蔗、银耳、丝瓜等。此外，可多给宝宝喝温开水、温牛奶、米汤等热饮，以缓解宝宝呼吸道黏膜的紧张状态，促进痰液的咳出。

为防止咳嗽加重，以下食物宝宝应忌食：

● 多盐多糖类食物。太咸易诱发咳嗽或使咳嗽加重。糖果等甜食则会助热生痰，要少食。

● 冷、酸、辣食物。冷饮以及辛辣食品会刺激咽喉部，使咳嗽加重。酸食常敛痰，使痰不易咳出，导致病情加重，使咳嗽难愈。

● 鱼腥虾蟹类食物。若宝宝对鱼虾食品的蛋白过敏，会引起咳嗽加重，并且腥味刺激呼吸道也会使宝宝咳嗽加重，所以应忌食鱼腥虾蟹等食物。

● 含油脂多的食物。花生、瓜子、巧克力等食物含油脂较多，食后易滋生痰液，使咳嗽加重，故不宜食用。油炸食品会加重胃肠负担，且助湿助热，使咳嗽难以痊愈。

● **补品**。宝宝咳嗽未愈时应停服补品，以免使咳嗽难愈。

另外，如果宝宝手脚冰凉，家长就要给他们多穿一点衣服；反之，如果宝宝的颈部或背部冒汗过多，说明需要脱掉一些衣物，这样可以降低宝宝患感冒和咳嗽的风险。

在日常护理中，要给宝宝创造宁静的休息环境，保持室内通风，保证空气清新，尽量让宝宝多睡会。宝宝在病中可不洗澡，因为此时血液循环比较旺盛，容易再次着凉。等到病情稍缓时，再让宝宝沐浴后入睡。尽量少带宝宝去人口密集的公共场所，避免感染病菌。平日加强体育锻炼，增加宝宝的抵抗力。

❧ 寒咳

姜蛋汤

材料

鸡蛋1个，姜1小块，红糖3匙，食用油适量

做法

①姜去皮洗净剁碎，倒入少许油煎炒一下。

②将鸡蛋打散，倒入锅中煎熟。

③加入适量开水，再加入红糖和姜末，煮3~5分钟即可出锅。

【营养解析】鸡蛋中有高营养价值的蛋白质；姜可疏风解表、散寒；红糖含有B族维生素及铁，具有益气补血、健脾暖胃的功效。

解答妈妈最关心的问题：

【食材安全选购】太黄的生姜可能熏过硫磺，不宜购买。新鲜生姜买回后用纸包好，放在阴凉通风处，可以保存较长的时间。

【更多配餐方案】也可以用陈皮与姜共煮成水，喂宝宝饮用。

温馨提示：适合1岁以上的宝宝食用。

百合玉竹苹果汤

材料

百合30克，玉竹30克，苹果1个

做法

①苹果去皮去心，洗净切片，百合、玉竹洗净。

②苹果、百合和玉竹一同放入锅内，加清水，大火煮沸，转小火煮50分钟，煎成大半碗，便可饮用或代茶喝。

【营养解析】玉竹可生津解渴，有滋阴润燥之效。

解答妈妈最关心的问题：

【**食材安全选购**】选购百合时，应挑选片张大、肉质肥厚的，且表面干净无斑点，最好选择表面为玉白色的。

【**更多配餐方案**】年龄稍大的宝宝，也可以喂食胡椒芡实猪肚汤。

温馨提示：适合1岁以上宝宝食用。

❖ 热咳

雪梨酿蜂蜜

材料

雪梨1个，蜂蜜适量

做法

①雪梨洗净，切下顶部，去梨核。

②随后放入蜂蜜，盖上切下的梨块，隔水蒸熟，待温后食用。

【营养解析】雪梨富含维生素、钾、镁、钙、钠等营养素，有润肺清燥、止咳化痰的作用。

解答妈妈最关心的问题：

【食材安全选购】选购雪梨时，要选梨皮薄而细，没有病虫害、疤痕或外伤的，还要注意看梨脐，也就是梨底部的凹陷，脐深而周围较圆的味道比较好，而脐浅又不圆的，味道次之。

【更多配餐方案】冰糖银耳炖雪梨有同样的功效，但是只适合月龄较大的宝宝食用。

温馨提示：适合1岁以上宝宝食用。

银耳羹

材料

银耳5克，鸡蛋1个，冰糖60克

做法

①银耳温水泡发，除杂质，分成片状，加适量水煮开，小火煎至银耳软烂。

②冰糖另加水煮化，打入鸡蛋，兑少许清水，煮开并搅拌。

③将鸡蛋糖汁倒入装有银耳的锅内，拌匀即可。

【营养解析】银耳含多种氨基酸、矿物质；冰糖有补充体液、补充血糖、解毒等作用。

解答妈妈最关心的问题：

【食材安全选购】好的银耳应该是耳花大而松散，耳肉肥厚，色泽呈白色或略带微黄，蒂头无黑斑或杂质，朵形较圆整，大而美观的。银耳本身应无味道，选购时可取少许试尝，如对舌有刺激或有辣的感觉，证明这种银耳是用硫磺熏制过的。

【更多配餐方案】可以在银耳羹中加入少许枸杞子，或将鸡蛋换成枸杞子。

温馨提示：适合9个月以上宝宝食用。

⬥ 燥咳

无花果莲子百合汤

材料

百合10克，无花果3个，莲子20克

做法

①将莲子洗净泡发，百合洗净，无花果洗净对半切开。

②在锅中注入适量清水，待水煮开后加入所有食材，转小火再煮30分钟即可。

【营养解析】百合有营养滋补之功；莲子含有的β-谷甾醇、生物碱有润肺止咳的功效。

温馨提示：适合1岁以上宝宝食用。

解答妈妈最关心的问题：

【食材安全选购】选购莲子时，莲子外观上有一点自然的皱皮或残留的红皮，颗粒饱满，个头不大，含水少，具有莲子的清香，甜中带微苦的为优质莲子。

【更多配餐方案】可将煮好的无花果莲子百合汤兑入宝宝吃的稀米粥之中。

杏仁露

材料

杏仁80克，牛奶450毫升，糯米粉30克，白砂糖30克。

做法

①将浸泡过的杏仁、牛奶和糯米粉放入料理机，搅成浆状。

②将搅好的混合物过筛后，用中火加热搅拌到沸腾呈浓稠状；关火后，加糖调味即可。

【营养解析】杏仁富含蛋白质、B族维生素、维生素P等营养成分，有止咳平喘的功效。

解答妈妈最关心的问题：

【食材安全选购】选购杏仁时，应选颗粒大、均匀、饱满、有光泽，形状多为鸡心形、扁圆形的。另外，仁衣浅黄略带红色，颜色清新鲜艳，皮纹清楚不深，仁肉白净的为优质杏仁。

【更多配餐方案】妈妈们可以将白砂糖换成蜂蜜，润燥效果更好。

温馨提示：适合1岁以上宝宝食用。

四、腹泻

🌸 宝宝腹泻怎么办

腹泻如同感冒发热一般，是一种常见病，尤其在秋末冬初季节发病比较频繁。由于婴幼儿胃肠功能发育不完善，而且身体的抵抗力较差，很容易引起腹泻。

宝宝腹泻时，一定要多补充水分，可以食用流质食物，像营养丰富的粥类、肉汤等。要给予宝宝足量的营养，不能让宝宝吃刺激、肥腻、生冷的食物，比如白萝卜、竹笋、洋葱、肥肉、猪油等。

当宝宝的腹泻得到缓解时，可以适当吃一些低脂、低纤维的食物，不要吃过于油腻的食物，主食以细软、易消化的大米粥、米粉、面条为主，可以搭配黄瓜、番茄、茄子、胡萝卜等不含粗纤维的蔬菜。需要注意的是，如果是吃米粉，要吃得清淡些，卤水和其他配料尽量不放或少放。油及脂肪多的食物既难消化又滑肠，会加重腹泻，所以不能吃。

宝宝腹泻的症状消失之后，就可以逐渐恢复到正常的饮食，但是还需要注意一些禁忌的食物，主食可以是细面条、软米饭、面片、馒头、花卷等，肉类要选肉纤维短而柔软的鸡肉、嫩牛肉、猪瘦肉。有腹胀的宝宝，不宜吃豆类和豆制品。此外，还需注意饮食卫生，不要给宝宝吃辛辣、刺激及生冷、凉拌的食物。

熟苹果泥

材料

苹果1个

做法

苹果洗净去皮、去核，分为两半，放在锅中隔水蒸烂，喂给宝宝食用。

【营养解析】苹果含有的膳食纤维、果胶、果酸，有助于降低人体胆固醇含量、促进消化吸收，还能够清除人体消化道的不良细菌，有益于肠道有益菌群的生长。

解答妈妈最关心的问题：

【食材安全选购】选购苹果时，可以看苹果的果梗，一般新鲜的苹果果梗颜色比较鲜绿，如果果梗已经枯萎、发黑、发黄，则表明苹果已经放置一段时间了，不是很新鲜。

【更多配餐方案】熟苹果泥可以兑入到宝宝喝的米糊之中。

温馨提示：适合6个月以上宝宝食用。

山药小米粥

材料

山药100克，小米100克

做法

①山药去皮洗净切薄片，小米洗净，一起放锅里。
②锅里加适量水大火煮开后，换小火煮成稀粥，分次喂宝宝。

【营养解析】山药有利于增强脾胃的消化吸收功能，是一味平补脾胃的药食两用之品；小米含丰富的钙、维生素A、维生素D和维生素B$_{12}$。

温馨提示：适合1岁以上宝宝食用。

解答妈妈最关心的问题：

【**食材安全选购**】同一品种的山药，须毛越多的山药口感更好，含糖更多，营养也更好。再看横切面，新鲜山药的横切面肉质应呈雪白色。

【**更多配餐方案**】山药小米粥中的小米可以用粳米来代替。

五、腹痛

❧ 宝宝腹痛怎么办

宝宝腹痛是很多家长都会遇到的情况，引起腹痛的原因有很多，有由全身性疾病引起的，也有由腹部本身疾病引起的。全身性疾病如肺炎、营养不良等，腹部原因如肠炎、蛔虫症、便秘、阑尾炎等。

腹痛的原因不同，宝宝腹痛的症状也不一样，爸爸妈妈应根据宝宝的实际情况做出正确的处理。如果宝宝突然大声哭闹，烦闷不安，两腿屈曲，喂奶或抱起仍啼哭不止，说明宝宝很可能是腹痛。如果宝宝的腹痛只是偶尔发生或发生次数不频繁，一般不用使用药物治疗，一段时间后，腹痛会自然缓解。如果宝宝接连腹痛好几天，或一天之内痛好几次，则应及时带宝宝去医院诊治。

年龄大的宝宝，腹痛常常会自己诉说；而年龄小的宝宝，无法用言语表达，只能用哭来表达自己的痛苦，这时家长要引起重视了，要注意观察宝宝的症状。在没弄清原因前，不能随便给宝宝服用止痛药。如果宝宝突然大声啼哭，腹部膨胀，拳头紧握，可能是过食奶类、糖类而产生腹胀导致的腹痛。在护理上，尽量少让宝宝吮吸奶嘴，不在配方奶粉中加糖等。

宝宝在腹痛期间，饮食要清淡、易消化，油腻的多渣滓的食物尽量少给宝宝喂食。可以多给宝宝喂食富含优质蛋白质的鱼、瘦肉、蛋类及新鲜蔬菜、水果等，还应注意饮食卫生，不给宝宝吃生冷食物、隔夜食物以及用炸、爆、煎的方式烹调的食物；睡觉时要给宝宝盖好被子，以免肚子受凉。

大蒜汁

材料
大蒜适量

做法
每次用大蒜2~4克，用300毫升清水煎取汁液，每日服3次。

【营养解析】大蒜有强大的杀菌能力，能消灭侵入体内的病菌，它还有助于维生素B_1的吸收，促进糖类的新陈代谢来产生能量，缓解疲劳。

解答妈妈最关心的问题：

【**食材安全选购**】大蒜要选购蒜头大、包衣紧、蒜瓣大且均匀、味道浓厚、辛香可口、汁液黏稠的。

【**更多配餐方案**】妈妈们可以将大蒜汁兑入宝宝喝的米汤中，这样宝宝更容易接受味道。

温馨提示：适合1岁以上宝宝食用。

白萝卜汤

材料

白萝卜200克，姜1块，盐、葱花各少许

做法

①锅中盛入适量清水至七分满。

②将白萝卜去皮洗净切滚刀块，姜洗净用刀拍开。

③将白萝卜与姜一起放入锅中，大火烧开转小火慢炖半小时，炖至萝卜呈半透明状，加适量盐、葱花即可。

【营养解析】白萝卜具有促进消化、增强食欲和止咳化痰的作用；姜可疏风解表、散寒。

解答妈妈最关心的问题：

【食材安全选购】白萝卜应选择分量较重、掂在手里沉甸甸的，这种白萝卜含水量高，比较新鲜。这种方式还可以避免买到空心萝卜。

【更多配餐方案】妈妈们可以将白萝卜汤兑入宝宝喝的米糊中。

温馨提示：适合1岁以上宝宝食用。

六、呕吐

宝宝呕吐怎么办

呕吐是指胃内食物或一部分小肠内食物通过食管逆流出口腔的一种复杂的反射动作，呕吐可将有害物质从胃排出人体从而起到保护作用，属于自动防卫行为，但持久而剧烈的呕吐可引起水电解质紊乱。

不少家庭都会遇到孩子呕吐的情况，造成这一现象的原因比较复杂，有时是家长喂奶过多，超过了宝宝身体所能承受的极限，从而引起呕吐，这种情况比较常见，但是不影响健康；某些小儿常见病，如上呼吸道感染、肺炎、中耳炎等，也会导致宝宝出现呕吐的情况；而饮食不当引起的消化不良往往会使宝宝呕吐出较多物质。

在宝宝出现呕吐的情况时，宝宝的胃肠被搅乱，难以消化食物，如果宝宝不想吃东西，可暂时禁食，让宝宝的肠胃稍稍休息。因为宝宝的胃肠比较娇嫩，消化能力弱，宝宝在呕吐后3~4小时内可能会肚子饿，这时最好要给他喂食面糊或烂粥，或者一些消食化滞、养阴生津的食物，如山楂、乌梅、小米、麦粉及大豆、豇豆等杂粮制品。此外，牛奶、鸡蛋、瘦肉和鱼肉等营养丰富的食物，以及富含各种维生素的水果、蔬菜也应适当补充。不宜给宝宝吃生冷、冰镇、油腻、黏性强，以及煎、炸、烤、熏等方式烹制的食物。

为预防宝宝出现呕吐的情况，还应注意以下几点：哺乳不宜过急，哺乳后竖抱宝宝身体，轻拍背部至打嗝；呕吐时应采取侧卧位或坐位，吐后要用温开水漱口。

胡萝卜汁

材料

胡萝卜1根

做法

将胡萝卜洗净去皮，切成碎块，捣烂，榨汁，隔水炖熟。每次15毫升，每日数次。

【营养解析】胡萝卜营养丰富，质脆味美，有健脾和胃、利膈宽肠的功效，适用于消化能力较弱的宝宝食用。

解答妈妈最关心的问题：

【食材安全选购】新鲜的胡萝卜手感较硬，手感柔软的说明放置时间过久，水分流失严重，这样的胡萝卜不建议购买。

【更多配餐方案】妈妈们可以将胡萝卜汁兑入宝宝喝的米糊中。

温馨提示： 适合6个月以上宝宝食用。

止吐姜汤

材料

姜3片，陈皮5克，冰糖少许

做法

将陈皮和姜片放入小锅内，加适量水，煮5分钟，倒入杯中，放入冰糖即可。

【营养解析】姜可防止恶心、呕吐；陈皮含有挥发油、B族维生素等成分，它所含的挥发油对胃肠道有温和刺激作用，可促进人体消化液的分泌，排除肠管内积气，增加食欲。

解答妈妈最关心的问题：

【食材安全选购】陈皮以贮存年份久的为佳，一般比较硬、容易碎裂，内里呈棕红色，外表皮呈棕褐色。

【更多配餐方案】妈妈们也可以将姜煮成姜汁，并兑入宝宝的稀米粥中。

温馨提示：适合1岁以上宝宝食用。

七、便秘

小儿便秘是指大便干燥、坚硬，秘结不通，排便时间间隔较久，或虽有便意却排不出大便。宝宝出现便秘与个人饮食、生活习惯、疾病等因素有关。

当宝宝进食太少时，消化后液体吸收余渣少，致大便减少、变稠。奶中糖量不足时肠蠕动弱，也会使大便干燥。有的宝宝偏食，只喜欢吃肉类，少吃或不吃蔬菜、水果，导致食入的纤维素很少，也容易发生便秘。如果妈妈乳汁不足，宝宝总处于半饥饿的状态，可能两三天才大便一次。此外，很多家长没有培养宝宝按时排大便的习惯，导致宝宝便秘的情况也很常见。

❧ 宝宝便秘怎么办

当宝宝出现便秘时，家长可喂食宝宝各种有益于治疗便秘的汤水，如绿豆薏仁汤，绿豆、薏仁富含纤维质，不但可以改善便秘的症状，还有清热退火的功效；还有红枣汤，红枣具有补中益气、健脾益胃的作用，所以，宝宝便秘时，家长不妨试着用红枣熬汤给宝宝喝。

为预防宝宝便秘，在饮食上要避免宝宝进食过少或食品过于精细。要增加宝宝对纤维素食物的摄取量，多食用菠菜、油菜、白菜、芹菜及香蕉、梨等。建议家长给宝宝每天摄取5份新鲜蔬菜、水果，其中3份为蔬菜，2份为水果，家长可以将水果切成小块状或打成果汁，让宝宝当零食吃。

生活上，要培养宝宝定时排便的习惯。一般宝宝3个月左右，家长就可以引导宝宝逐渐形成定时排便的习惯了，一个舒适可爱的便盆能起到不小的作用，有时宝宝会因为贪玩而忘了解决排泄问题，家长最好能及时提醒。每天帮宝宝洗澡以后，家长可以在手上涂上乳液，帮宝宝进行腹部按摩。以肚脐为中心，顺时针方向按摩3～5分钟，可以有效增加宝宝肠胃的蠕动，让宝宝排便更顺畅。

冰糖香蕉粥

材料

香蕉2根，大米200克，冰糖适量

做法

大米淘洗干净，加入去皮切段的香蕉，熬煮成粥，粥成以后加入适量冰糖。温后给宝宝服食，1日1次。

【营养解析】香蕉含有硫胺素、烟酸、维生素E及丰富的钾等；糯米含有钙、磷、铁、维生素B$_1$、维生素B$_2$、烟酸等营养素。

解答妈妈最关心的问题：

【食材安全选购】成熟的香蕉外皮会由青色变为黄色，较成熟的外皮带有黑色斑点，此时的香蕉口感更好，甜度更高。

【更多配餐方案】米粥熬好后可以加入一些香芹，富含膳食纤维的香芹能促进肠道蠕动。

温馨提示： 适合1岁以上宝宝食用。

芹菜汁

材料

芹菜300克

做法

将芹菜浸泡洗净后切段，将芹菜段放入榨汁机中，加入适量清水，榨汁即可。

【营养解析】芹菜含有大量的粗纤维，可以促进肠胃运动，帮助消化，治疗便秘。

解答妈妈最关心的问题：

【**食材安全选购**】选购芹菜时，梗不宜太长，20~30厘米为宜，短而粗壮的为佳，菜叶要翠绿、不枯黄。叶柄厚，茎部稍呈圆形，内侧微向内凹，这种芹菜的品质是上好的，可以放心购买。

【**更多配餐方案**】妈妈可以将芹菜汁兑入宝宝喝的米汤之中。

温馨提示：适合6个月以上宝宝食用。

八、手足口病

❧ 宝宝患上手足口病怎么办

手足口病是一种儿童传染病，多发生于5岁以下的儿童，主要通过飞沫由呼吸道直接传播，也可通过污染食物、衣服、用具等由消化道间接感染，主要表现为低热、头痛、食欲减退，手、足、口腔等部位出现疱疹，多发生在夏秋季节。

如果宝宝在夏季得病，容易造成脱水和电解质紊乱，需要给宝宝适当补水（以温开水为主）和补充营养，要让宝宝有充足的休息时间。

患病期间宝宝可能会因发热、口腔疱疹、胃口较差而不愿进食，这时要给宝宝吃清淡、温性、可口、易消化、柔软的流质或半流质食物。为了进食时减轻宝宝嘴部的疼痛感，食物要不烫、不凉，味道要不咸、不酸。可以让宝宝用吸管吸食，减少食物与口腔黏膜的接触。切不可让宝宝吃过咸、酸性或辛辣的食物，这些食物会刺激宝宝的口腔，不利于消炎。鱼、虾、肉类食物可能会使宝宝的病情加重，最好忌食。过热的食物可能会刺激破溃处引起疼痛，不利于伤口愈合，也不宜吃。

患病期间，宝宝的奶瓶、奶嘴使用前后应充分清洗，衣服、被褥要干净清洁，衣着要舒适、柔软，要经常更换。宝宝的房间要定期开窗通风，保持空气新鲜、流通，室内温度要适宜。减少人员进出宝宝的房间，禁止吸烟，防止空气污浊，避免继发感染。

要注意保持宝宝的皮肤清洁，剪短宝宝的指甲，必要时包裹宝宝双手，防止宝宝抓破皮疹；臀部有皮疹的患儿，应随时清理大小便，保持臀部清洁干燥。

荷叶粥

材料

干荷叶适量，大米50克

做法

①将干荷叶切碎备用。大米洗净，放入锅中，加适量清水熬煮成粥。

②趁热将荷叶碎末覆盖在粥上，待粥呈淡绿色即可。

【营养解析】荷叶含有荷叶碱、草酸及维生素C、多糖，具有解热、抑菌、解痉的作用。

解答妈妈最关心的问题：

【食材安全选购】选购干荷叶时，以叶大、整洁、色绿、味道香甜者为佳。

【更多配餐方案】荷叶粥中的大米可以选用粳米，也可换成小米。

温馨提示： 适合8个月以上宝宝食用。

菊花粥

材料

大米50克，菊花10克

做法

①大米提前浸泡一会，锅内放水，放入大米，大火煮开后转中小火煮。

②当粥煮到粘稠时，放入洗净的菊花继续煮3~5分钟即可。

【营养解析】大米含有维生素B₁、维生素A、维生素E及多种矿物质。菊花富含挥发油，有提神醒脑、消咳止痛的功效。

　温馨提示： 适合8个月以上宝宝食用。

解答妈妈最关心的问题：

【**食材安全选购**】菊花要选有花萼、松软、顺滑的比较好。

【**更多配餐方案**】对于月龄较小的宝宝，妈妈可以用菊花泡水并把水兑入宝宝的米糊之中。

九、疳积

❧ 宝宝疳积怎么办

疳积是指由于喂养不当，饮食不节，使宝宝脾胃受损，导致宝宝出现全身虚弱、毛发稀疏、便溏酸臭等慢性病症症状，是小儿时期，尤其是 1~5 岁儿童的一种常见病症。

不少家长缺乏喂养经验，生怕孩子吃不饱、营养不良，于是像填鸭一样不断地给宝宝喂食各种肥腻食物或营养品，导致宝宝出现消化不良、厌食，进而造成疳积。因此，改变不良的喂养方法是防治宝宝疳积最重要的一步。

在喂养方面，应注意遵循先稀后干、先素后荤、先少后多、先软后硬的原则。宝宝胃口不好时，千万不要硬要求宝宝吃饭，此时可以采用少食多餐的方式，让宝宝的肠胃得以休息调整。此外要注意营养搭配，纠正宝宝贪食、偏食等不良习惯。

对于有疳积的宝宝，要选择易消化、高蛋白、低脂肪、足量维生素的食品进行喂哺，重点增加维生素 A、B 族维生素、维生素 D 和钙元素等营养元素的摄入。可以给宝宝多吃粳米、小米做成的食物，如粳米粥、小米粥，不仅容易消化，也能补益脾胃。同时可常备乳酶生之类的促消化药剂，适时使用。

病情较重的宝宝对食物耐受性差，食物的选择要以简单、先稀后干、先少后多为原则。辛辣、炙烤、油炸、爆炒类食物会助湿生热，同时也不利于消化吸收，不宜食用。生冷瓜果及性寒滋腻、肥甘黏糯的食物会损害脾胃，也难以消化，不宜给宝宝食用。一切变味、变质、不洁的食物，千万不要给宝宝吃。

大麦粥

材料

大麦米50克

做法

将大麦米研碎，放入锅中，加适量清水煮成粥。

【营养解析】大麦包含维生素、蛋白质、膳食纤维、钙、维生素B$_1$等营养素，可刺激肠胃蠕动，帮助消化。

解答妈妈最关心的问题：

【食材安全选购】选购大麦时，应挑颗粒饱满、无虫蛀和霉变的。

【更多配餐方案】也可以将大麦米研碎，冲泡成水喂宝宝饮用。

温馨提示：适合1岁以上宝宝食用。

麦芽茶

材料

麦芽20克

做法

将麦芽洗净，水煎30分钟，日服2次即可。

【营养解析】麦芽含消化酶、B族维生素、卵磷脂、麦芽糖、葡萄糖等成分，有助消化的作用。

温馨提示： 适合1岁以上宝宝食用。

解答妈妈最关心的问题：

【食材安全选购】挑选麦芽时，应选购麦粒颜色为淡黄色，有光泽，无霉粒，无异味，具有麦芽香味的。

【更多配餐方案】麦芽搭配山楂用水煮沸，代茶饮，有益气清心、健脾消滞的功效。

第四章

妈妈帮宝宝做健康零食

宝宝吃腻了粥、饭、菜汤，总喜欢闹点小脾气，

开始出现拒食或厌食的现象。

这时，如果妈妈能花点儿心思和时间，

在家亲自为宝宝制作美味、安全的零食，

并做出一些奇特、有趣的造型，

不仅能充分吸引宝宝的注意力，增进宝宝的食欲，

还能将各种营养通过零食源源不断地输送给宝宝。

瞬间，你将变成宝宝眼中的神奇大厨，

这一刻你制作出的每一份零食的味道，

都将会是宝宝未来记忆中最甘甜、最有趣的童年味道……

小小零食作用大

❧ 如何给宝宝添加零食

孩子每天的活动量很大，因此需要摄入足够的热量才能保持一天精力充沛。适量的零食可以有效保证宝宝的体力充沛，但是他们小小的胃一次承受不了太多的负担，所以每天几顿"迷你餐"就显得很重要了。

● 应选择恰当的时间、地点。点心是正餐的补充，而不能取代正餐。每天定时吃点心，至少是在正餐前1个半小时。不要在电视、游戏或电脑等前给宝宝吃零食，这样会分散宝宝的注意力，导致他没完没了地吃个不停。

● 保证足够的能量。零食要富有营养，每次至少选择两种不同种类的食物搭配在一起，例如面包和奶酪、水果和花生酱等。

● 补充蛋白质。在正餐之间让孩子吃一些富含蛋白质的食物，如坚果、奶酪、花生酱、金枪鱼和鱿鱼丝等。

● 点心种类要有多样性。比如1个煮鸡蛋或1把坚果、1块抹上奶酪的玉米饼、自制的南瓜饼等都是很不错的点心。

● 鼓励孩子学会自我控制。宝宝对甜食、薯片等零食总是难以抗拒，家长应把甜食、薯片藏起来，告诫宝宝那些零食吃太多不好。让宝宝养成吃点心后刷牙的好习惯，或者至少要漱漱口。当然，家长要时刻记住以身作则，如果自己一闲下来就坐在电视前，弄一大堆零食来吃，就很难要求宝宝养成良好的饮食习惯。

❧ 健康零食大搜罗

● 各类水果。水果中含有葡萄糖、

果糖、蔗糖，易被人体吸收；水果中的有机酸可促进消化，增进食欲；水果中含有果胶（一种可溶性的膳食纤维），有预防便秘的作用；水果还是维生素 C 的主要来源。吃水果在补充营养的同时，还可以锻炼宝宝自己拿东西吃的技能。

● 酸奶、奶酪、配方奶等乳制品。这类食品富含钙、磷、镁、蛋白质、脂肪和维生素 B_1，乳酸杆菌等益生菌还能帮助调理宝宝的肠道，是宝宝的最佳零食。

● 坚果类，如花生、瓜子、开心果、榛子、核桃等。这类食物富含氨基酸、人体必需脂肪酸、不饱和脂肪酸等，有益于宝宝眼、脑、皮肤的发育。

● 松软的土司面包或杂粮全麦面包。它们是宝宝健康零食的不错选择，可以帮助宝宝摄入更多的膳食纤维和 B 族维生素。

☙ 拒绝零食"杀手"

现在市面上的零食琳琅满目，很多商家为了追求口感和吸引宝宝的注意，在零食中添加了较多的色素，并且含有一些不健康的成分，家长们要加以辨别，尽量不要选择以下零食：

● 膨化类食品，如薯片、饼干等。这类由含碳水化合物较多的谷类粮食经膨化后制成的食品，酥脆易于消化，可适量摄入。但膨化食品可能含有危害人体健康的铅元素，长期食用不合格的膨化食品，很容易使血铅超过规定标准，产生急性毒性作用。

● 糖果类、巧克力等。这类食品营养价值不高，甜食也是造成龋齿的原因之一，不宜作为给宝宝经常食用的零食。

● 凉食类，如雪糕、冰激凌等。这类食品含糖量高，吃多了会影响宝宝的胃口，导致食欲下降，还会刺激胃肠道，很容易造成腹泻。

蛋香小饼干

材料

低筋面粉100克，蛋白105克，蛋黄45克，白砂糖30克

做法

①将蛋白和细砂糖倒入备好的容器中，搅拌均匀。

②分次加入蛋黄、面粉，拌匀，待用。

③将拌好的材料装入裱花袋，挤压均匀。

④将材料挤入烤盘，制成数个圆形饼干生坯。

⑤将烤盘放入烤箱中，上火、下火均为160℃，烤约10分钟至熟即可。

【营养解析】蛋香小饼干富含蛋白质、维生素和碳水化合物，在为宝宝提供充足营养的同时，还可锻炼宝宝自己拿东西吃的技能。

温馨提示： 适合1.5岁以上宝宝食用。

小刺猬馒头

材料

自发面粉500克，牛奶200毫升，白砂糖35克，泡打粉4克，芝麻少许

做法

①所有原料放在一起揉成光滑面团，盖上湿布，醒发1小时，使其膨胀到原面团2倍大。

②继续揉面，直至切开剖面没有明显气孔；然后切成小份，搓成锥型，像刺猬一头尖的形状。

③用芝麻做眼睛，小剪刀剪出小刺。

④放入蒸笼醒发15分钟，以冷水蒸15分钟即可（蒸笼周围围上湿布）。

【营养解析】小刺猬馒头中含有丰富的钙和蛋白质，有益于宝宝骨骼和牙齿的生长。精心巧妙地把馒头做成一个小刺猬的有趣造型，能充分吸引宝宝的注意力，让宝宝有兴趣吃这道零食。

温馨提示：适合1岁以上宝宝食用。

杨梅干

材料

杨梅200克，盐、白砂糖各适量

做法

①将杨梅泡在盐水里，去除杂质后沥出。

②将白砂糖和水大火煮开，放杨梅熬煮；煮至收汁，用中火继续煮，煮至汤汁全干，将杨梅盛入盘中，用微波炉加热10~15分钟，水分散发略干后，晾凉。

③撒上白砂糖拌匀即可。

【营养解析】杨梅干色泽鲜艳，夹带着杨梅的果香和酸味，吃起来酸甜爽口，能极大刺激宝宝的味蕾，增进宝宝的食欲，帮助消化，还能给宝宝提供丰富的营养。

温馨提示： 适合1岁以上宝宝食用。

海绵宝宝三明治

材料

吐司2片，水煮鸡蛋2个，生菜2片，沙拉酱1匙，煎蛋、火腿片、紫菜各适量

做法

①煮熟的鸡蛋切碎；生菜洗净沥干，切碎放入盘内。

②把鸡蛋也放入盘内，再放入沙拉酱拌匀。

③取吐司片，在吐司片中间位置放上鸡蛋沙拉，放上另一片吐司片。

④把煎蛋切开做成眼睛的形状、紫菜剪出眉毛和眼珠的形状。

⑤用两小块煎蛋做成牙齿，紫菜剪出嘴巴的形状，火腿片切开做成腮红的形状，放在三明治上摆出"笑脸"即成。

【营养解析】海绵宝宝三明治造型搞笑可爱，能激起宝宝的兴趣，拉近宝宝与食物的距离；松软的土司面包片是宝宝健康零食的不错选择，可以帮助宝宝摄入较多的膳食纤维和B族维生素，妈妈可以让宝宝自己拿在手上吃，锻炼宝宝自主进食的能力，增加宝宝的成就感。

温馨提示： 适合1岁以上宝宝食用。

自制肉松

材料

猪后腿肉2块，八角适量，酱油、盐、白砂糖、葱、姜各少许

做法

①先把肉敲松，切成若干块，放入微波炉热5分钟。

②锅中放水、酱油、葱、姜、八角，再放入肉块大火煮开后，转小火煮1个小时左右，煮至肉可以用筷子轻松戳进去即可。

③用擀面棒把肉弄碎，放入油锅中，用中小火不停翻炒，陆续加糖和盐，炒到肉全干，马上摊开晾凉。

④冷却后，装在密封的罐子中即可。

【**营养解析**】自制的肉松不仅营养丰富，能为宝宝提供蛋白质、脂肪及钙、磷、铁等营养成分，满足宝宝身体发育的需要，还能避免宝宝因吃到不健康的零食，出现腹泻、呕吐等不适症状。

温馨提示：适合1.5岁以上宝宝食用。

磨牙芝麻棒

材料

鸡蛋2个，低筋面粉250克，香蕉1根，核桃油10克，黑芝麻适量

做法

①把鸡蛋、核桃油混合搅拌，香蕉弄成泥。

②在鸡蛋核桃油混合液中筛入面粉，再加入香蕉泥、芝麻，搅拌揉捏。面粉一直加到面团不黏手后，醒发半小时到一个小时。

③面团揉成0.5厘米的厚度，切成宽1厘米，长度随意的小段。捏着两头，扭一下。

④烤箱预热至180℃，放入做法③材料烤20分钟左右，烤至芝麻棒表面上色即可。

【营养解析】咀嚼磨牙芝麻棒，可以促进宝宝的颌骨正常发育，为恒牙健康成长打下良好基础。长条状的磨牙棒方便宝宝自己抓握摩擦口腔内的痛痒部位，缓解牙龈不适，还能避免宝宝抓咬其他物品，保证安全和卫生。

温馨提示：适合8个月以上宝宝食用。

自制水果布丁

材料

蛋黄1个，苹果20克，菠萝15克，太白粉半匙，配方奶粉1匙

做法

①苹果洗净，去皮、去果核磨成泥；菠萝洗净，去皮磨碎。

②蛋黄打散，加入奶粉、太白粉拌匀，再加入苹果和菠萝搅匀，以小火蒸熟即可。

【营养解析】这道水果布丁营养全面，不仅能给宝宝补充大量B族维生素、维生素C、纤维素及微量元素，其中的配方奶粉接近母乳，还能充分满足宝宝的营养需要，提高其免疫力。

温馨提示： 适合1岁以上宝宝食用。

宝宝成长那些事

❧ 给宝宝吃"汤泡饭"好吗?

有些妈妈为了增大宝宝的饮食量,或者因为时间关系,想加快宝宝的进餐速度,常给宝宝吃汤泡饭,殊不知这样做其实会破坏肠胃正常的消化工序,俗话说"汤泡饭,嚼不烂"。因饭和汤混在一起,往往不等嚼烂,就滑到胃里去了。由于吃进的食物没有经过充分的咀嚼,唾液分泌不足而和食物拌和不匀,淀粉酶被汤冲淡了,再加上味觉神经没有受到充分的刺激,胃没有收到信号而未能分泌出足够的胃液,消化系统的各道工序都被打乱了。时间长了,容易引起胃病。

需要提醒的是,不是说不能让宝宝喝汤。吃饭前喝一点汤,可湿润食道,提高食欲;吃饭时也可喝少量汤,但注意不要把饭直接泡在汤里。

❧ 为什么添加辅食后,宝宝反而瘦了?

如果宝宝添加辅食以后变瘦了,家长可以从以下几个方面找原因,然后采取相应的对策。

● 饮奶量不够。由于辅食添加不当或者其他原因影响了宝宝正常的饮奶量,由此造成宝宝的营养吸收不足。

● 辅食添加不够。母乳喂养的宝宝没有及时添加辅食,造成发育所需的营养不足,缺铁、锌等营养元素，能量不够，所以消瘦。

● 抵抗力不足。6个月以后，宝宝从母体带来的免疫力逐渐减退，宝宝的抵抗力变差，容易生病，影响了生长发育和食欲，所以宝宝变得消瘦。

● 消化能力没适应。宝宝的消化能力尚未适应辅食，虽然吃得不少，但排出的也多，导致生长减慢，变得消瘦。

❖ 宝宝餐能用微波炉加热吗？

和其他的加热方式比起来，用微波炉加热宝宝餐其实并没有什么不好。从目前实践数据来看，食物经过微波后，并不会产生有害物质，也不会残留放射性物质。与一般的加热方法（如煮、蒸）相比，用微波加热时，食物中的B族维生素的耗损率与一般加热法相近，维生素C耗损率比一般加热法低，尤其和需要消耗许多时间

的烹调方式（如炖等）比起来，微波加热所能保存的水溶性维生素量就更多了。

但是给宝宝使用微波炉热食物时，要注意安全问题。盛装食物的容器，如果是金属或镀有金属，会反射微波，让微波无法射入食物中，最后无法加热。如果容器上有金属线（如瓷器上装饰的金色边），还会产生火花，带来危险。所以，请使用专门用于微波加热的容器盛装食物加热，避免有害物质渗出。

用微波炉加热婴幼儿食物不是最佳办法，因为微波不能均匀加热食物，即使充分搅拌，仍可能存在危险的热点，妈妈感觉食物或容器是凉的，而实际上食物的中心部分很热，可能烫伤宝宝的舌头和软腭，请务必小心。

❧ 吃辅食时，宝宝卡刺怎么办？

首先，千万不能惊慌，这会加深宝宝的恐惧感和疼痛感。父母应柔声安慰宝宝，同时让宝宝尽量张大嘴巴（最好用手电筒照亮宝宝的咽喉部），观察鱼刺的大小及位置，如果能够看到鱼刺所处位置，且较易触到，父母就可以用专用的小镊子（最好用酒精棉擦拭干净）直接夹出。需要提醒的是，往外夹时，要先固定好宝宝头部，以使鱼刺顺利取出。

如果看到鱼刺位置较深不易夹出，或无法看到鱼刺，但宝宝有疼痛感并伴随吞咽困难，就要尽快带宝宝去正规医院请耳鼻喉科的医生处理。鱼刺夹出后的两三天内，家长还应仔细观察，如宝宝有咽喉疼痛、进食不舒服或有流涎等症状，则要继续到耳鼻喉科复查，以防宝宝咽喉内还残留异物。

需要注意的是，宝宝喉咙卡刺后，千万不要用让宝宝连吃几口米饭、大口吞咽面食或喝醋等办法来应急，因为这些方法不但无济于事，还会使鱼刺扎得更深，甚至可能引起局部炎症或并发症。

❦ 辅食是自制的好，还是买市售的好？

自己做的辅食和市售的辅食各有其优缺点。自制辅食的原料多种多样，宝宝能吃到不同味道和质地的食物，有利于培养宝宝接受多种食物的习惯，避免偏食、挑食。此外，自制辅食颜色丰富，花样多，充满了妈妈对宝宝的爱，能激起宝宝吃辅食的兴趣。

而市售的婴儿辅食最大的优点是方便，即开即食，能为妈妈们节省大量的时间。如果没有时间为宝宝准备合适的食品，且经济条件许可的话，不妨选用一些有质量保证的市售的婴儿辅食。但建议妈妈们如果有时间，还是多自制辅食给宝宝比较好。如果实在没时间，最好以自制辅食为主，偶尔搭配一些市售的辅食。

❦ 喂辅食时，宝宝总是哭闹不停，甚至拒绝吃，怎么办？

新添加的辅食或甜、或咸、或酸，这对只习惯奶味的宝宝来说也是一个挑战，因此刚开始时宝宝可能会拒绝新味道的食物。

对于不愿吃辅食的宝宝，妈妈应该弄清是宝宝没有掌握进食的技巧，还是他不愿意接受这种新食物。此外，宝宝情绪不佳时也会拒绝吃新的食品，妈妈可以在宝宝情绪比较好时让宝宝多次尝试，慢慢让宝宝掌握进食技巧，并通过反复地尝试让宝宝逐渐接受新的食物口味。喂辅食时妈妈必须非常小心，不要把汤匙过深地放入宝宝的口中，以免引起宝宝呕吐，从此排斥辅食和小匙。

❧ 吃了蛋黄，宝宝为何开始腹泻、出皮疹？

可能是因为 6 个月以内的宝宝肠道发育不完全，过早添加蛋类等辅食，鸡蛋蛋白等大分子物质容易通过宝宝肠壁而引起腹泻，还可能是蛋类等辅食引发了宝宝食物过敏的现象。因此，妈妈们在给宝宝添加辅食时要多加注意。

第一种给婴儿引入的辅食应是易于消化而又不易引起过敏的食物，米粉可作为试食的首选食物，其次是蔬菜、水果。月龄较小的宝宝，妈妈们要尽量少给宝宝食用致敏性高的食物，如蛋类、花生、海鲜、鱼虾等。由于很多宝宝对豆类食物也会过敏，所以妈妈们需少量逐次添加豆制品给宝宝吃。如在添加豆制品时，可以每周喂 1 次，然后根据宝宝的反应适量添加。

❧ 宝宝开始长牙了，可以吃半固体或固体食物吗？

一些父母认为，孩子如果没有长牙是不能吃固体食物的，其实并非如此。宝宝 8 个月时，咀嚼动作进一步发展，就已经可以吃固体食品了，而固体食品的能量和营养素含量要明显高于流质食物。这个阶段，宝宝在吃饭时，有些食物并未经过咀嚼而直接吞咽下去，也已经完全可以被消化掉。12 个月时，宝宝可吃部分成人的普通饮食，如大人吃的小包子、小饺子、馄饨、馒头等，从而基本完成从以吃奶为主过渡到可吃成人食品，这个阶段不仅锻炼了宝宝口腔肌肉的功能，而且有效刺激了宝宝下颌骨的生长发育。